★ 초등 선생님이 콕 집은 ★

제대로
수학개념

초등 **3~4** 학년 | 교과 연계 도서

초등 선생님이 콕 집은

제대로 수학개념 초등 3~4학년

지은이 장은주, 김정혜, 이지연
그린이 이창우
펴낸이 정규도
펴낸곳 (주)다락원

초판 1쇄 발행 2016년 11월 4일
　　2쇄 발행 2020년 1월 29일

편집총괄 최운선
책임편집 김혜란
디자인 김성희, 정규옥, 디자인미
표지 디자인 디자인그룹올

다락원 경기도 파주시 문발로 211
내용문의: (02)736-2031 내선 583
구입문의: (02)736-2031 내선 250~252
Fax: (02)732-2037
출판등록 1977년 9월 16일 제406-2008-000007호

값 13,000원

ISBN 978-89-277-4646-1 64410
　　　978-89-277-4643-0 64410(세트)

http://www.darakwon.co.kr

다락원 홈페이지를 통해 인터넷 주문을 하시면 자세한 정보와 함께
다양한 혜택을 받으실 수 있습니다.

★ 초등 선생님이 콕 집은 ★

제대로 수학개념

오답에서 oh~답으로!

장은주 · 김정혜 · 이지연 지음

초등 3~4 학년 | 교과 연계 도서

다락원

개념을 잘 다지면
어떤 문제도 어렵지 않아요.

시대에 따라 필요한 수학적 지식은 다르다고 합니다. 현대 사회에서 수학은 경제 활동이나 행정 영역 등에서 여러 가지로 활용되고 있고, 특히 컴퓨터의 발달로 과학 기술 향상의 밑바탕이 되는 지식이 되었지요. 그래서 수량적인 사고와 개념을 잘 익히고 다양하게 활용할 수 있다면 시대가 필요로 하는 창의성을 발휘할 수 있답니다.

수학을 잘하는 아이는 어떤 아이일까요? 더하기, 빼기, 곱하기, 나누기를 잘하는 아이가 수학을 잘하는 걸까요? 우리가 흔히 사칙연산이라고 이야기하는 더하기, 빼기, 곱하기, 나누기를 잘하면 수학 문제를 해결하는 데 많은 도움이 됩니다. 그리고 기본적인 사칙연산은 수학 문제를 푸는 데 필수적 요소임은 분명하지요. 그런데 학교에서 아이들을 가르치다 보면, 수학 시험에서 백점을 맞아도 정작 문제의 원리는 모른 채 계산 방법에만 익숙한 아이들이 많다는 것을 알 수 있습니다.

수학에 대한 기본적인 개념 없이 정해진 방법대로 계산만 빠르게 하는 아이들은 문제 유형이 조금만 바뀌어도 풀지 못해서 쩔쩔매곤 합니다. 원리를 생각하고 방법을 사고하는 수학이 아니라, 연

습과 반복으로 계산 능력만 키웠기 때문에 금방 좌절을 겪게 되는 것이지요. 이것은 겉으로 보기에는 세찬 바람이 불어도 끄떡없을 것 같은 나무가 약한 바람에도 픽 하고 쓰러지는 것과 같아요. 태풍이 불어도 쓰러지지 않기 위해서는 뿌리가 튼튼한 나무가 되어야 하죠.

초등학교 수학은 바람이 불어도 쓰러지지 않는 튼튼한 나무가 되기 위한 뿌리내리기 단계예요. 뿌리를 깊고 단단하게 내리기 위해 기본적인 수학개념을 먼저 알고 계산 능력을 키워야 합니다. 수학에 대한 기본적인 개념을 익혀서, 바람이 불어도 쓰러지지 않는 튼튼한 나무가 되기를 바랍니다.

여러분이 튼튼한 나무로 자랄 수 있게 도와주는
장은주, 김정혜, 이지연 선생님 씀

만점 비법을 알려 줄게!

왜 오답을 쓰게 될까요? 개념을 이해 못한 아이들이
물어볼 만한 질문으로 **호기심을 UP! UP!**
교과 과정 중 어디와 관련된 부분인지 표시했어요.

하나!

23145에서 가장 작은 수는 1 아니에요?

4학년 1학기
1. 큰 수

둘!

23145에서 제일 작은 수는 1이라고!

몇 번을 말해야 되냐? 5라니까!

셋!

100이랑 5 중에 뭐가 작아?

그걸 모를까 봐? 그래, 5가 제일 작은 수야. 5가 작지.

👾 개념 익히기

숫자와, 자릿값으로 나타내는 수

	만의 자리	천의 자리	백의 자리	십의 자리	일의 자리
숫자	2	3	1	4	5
수(자릿값)	20000	3000	100	40	5

　23145에 있는 숫자는 '2, 3, 1, 4, 5'예요. 하지만 각 숫자들이 놓여 있는 자
리에 따라 나타내는 수는 달라져요. 이것을 우리는 '자릿값'이라고 해요. 자릿
값은 위처럼 표로 나타내면 훨씬 이해하기 쉬워지죠. 각 자리의 숫자가 나타

44

개념을 잘못 이해한 상황에서
벌어질 수 있는 일들이에요.
만화 속 주인공이 내 모습 같진
않은지 생각해 보면 재미있겠죠?

기본을 잘못 알고 있으면 오답은
걷잡을 수 없이 번져요.
한 번 틀린 문제를 또 틀리지 않도록
기본 개념을 확실하게 잡아 줍니다.

개념이 머릿속에 단단히 뿌리내릴 수 있도록
기본에서 더 확장된 개념, 관련 문제 풀이 등을 더했어요.

넷!

개념 플러스

1L=1kg이 정확하게 맞는 순간이 있다고요?

물1L의 무게를 1kg으로 하자고 약속하고 물 1L의 무게를 1kg으로 사용했어요. 그런데 과학이 발달하면서, 같은 물 1L라 하더라도 온도에 따라 무게가 달라진다는 것을 알게 되었어요. 즉, 90℃의 물 1L와 2℃의 물 1L의 무게가 달랐던 것이지요. 이런 이유 때문에 1kg에 대한 좀 더 정확한 약속이 필요했어요. 그래서 1977년, 4℃의 물 1L를 1kg으로 하자고 좀 더 구체적인 약속을 정했어요.

다섯!

물 분자는 온도에 따라 있는 정도가 달라요. 같은 물 분자가 가장 많이 모여 있는 물의 온도가 4℃였어요. 그래서 4℃의 물 1L를 1kg으로 정했어요.

여섯!

개념 다지기

• 그림을 보고 $2 - \dfrac{1}{5}$ 은 얼마인지 알아보세요.

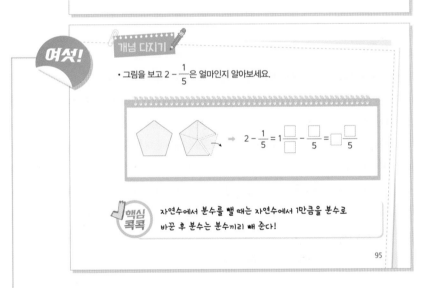

$$2 - \frac{1}{5} = 1\frac{\square}{\square} - \frac{\square}{5} = \square\frac{\square}{5}$$

핵심 콕콕 자연수에서 분수를 뺄 때는 자연수에서 1만큼을 분수로 바꾼 후 분수는 분수끼리 빼 준다!

개념을 제대로 알았는지
문제를 풀면서 확인해 보아요.
답은 맨 뒤에! 친절한 해설은 덤!
핵심을 알고 문제를 풀면 **백전백승**이에요!

이것까지 알면 금상첨화!
하나 더 보태면
영양가가 높아집니다.

차례

1 | 자연수

2 분수

3 소수

차례

4 | 도형

5 | 측정

6 통계

오답에서 Oh~답으로!

큰 수

덧셈과 뺄셈

혼합 계산

1

자연수

곱셈

나눗셈

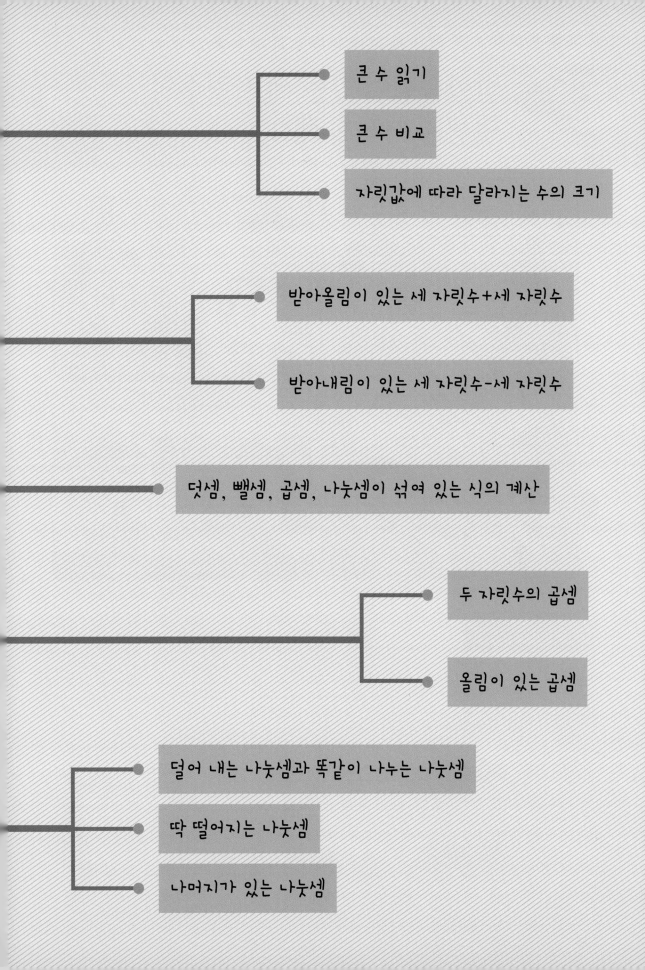

큰 수 읽기

큰 수 비교

자릿값에 따라 달라지는 수의 크기

받아올림이 있는 세 자릿수+세 자릿수

받아내림이 있는 세 자릿수-세 자릿수

덧셈, 뺄셈, 곱셈, 나눗셈이 섞여 있는 식의 계산

두 자릿수의 곱셈

올림이 있는 곱셈

덜어 내는 나눗셈과 똑같이 나누는 나눗셈

딱 떨어지는 나눗셈

나머지가 있는 나눗셈

받아올림이 있는 세 자릿수의 덧셈은 어떻게 해요?

개념 익히기

받아올림이 뭘까요?

137+145, 그림으로 알아보기

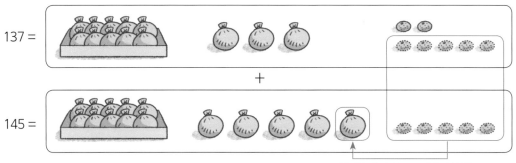

137 =

145 =

10을 윗자리의 1로 받아올림

```
  1상자  3봉지   7개
+ 1상자  4봉지   5개
─────────────────────
  2상자  7봉지  12개
              ↑
         10을 받아올림
              ↓
  2상자  8봉지   2개
```

귤 137개와 145개를 백의 자리는 상자로 십의 자리는 봉지로 나타내 그림으로 표현했어요. 이것을 식으로 나타내면 왼쪽과 같답니다.

낱개로 있는 귤을 모두 더하면 12개예요. 그림에서 귤 12개 중의 10개는 봉지로 묶여 윗자리로 옮겨졌어요. 이렇게 같은 자리끼리 더해서 10보다 크거나 같으면 바로 윗자리의 1로 올려서 계산하는 것을 '받아올림'이라고 해요.

귤 1개 → 귤 10개 → 귤 100개

10개 모이면 받아올림   10개 모이면 받아올림

137+145, 세로셈으로 알아보기

┌─ 윗자리로 10을 받아올림

```
                    ①              1              1
   1 3 7         1 3 7          1 3 7          1 3 7
 + 1 4 5       + 1 4 5        + 1 4 5        + 1 4 5
 ─────────     ─────────      ─────────      ─────────
                     2              8 2          2 8 2
                     ↑              ↑              ↑
                    7+5         10+30+40       100+100
```

수의 자리를 맞춰 쓰고   일의 자리 계산   십의 자리 계산   백의 자리 계산

➡ 자리 수끼리의 합이 100이거나 10보다 큰 수는 바로 윗자리로 받아올림

137+145를 세로셈으로 나타내 보았어요. 상자는 상자끼리, 봉지는 봉지끼리, 낱개는 낱개끼리 더했듯이 세로셈으로 나타내 계산할 때도 역시 같은 자리끼리 줄을 맞춰서 계산해야 해요.

받아올림이 있는 덧셈

		실제 수는 10		실제 수는 100			
		↓		↓			

$$
\begin{array}{r} 456 \\ +768 \\ \hline \end{array}
\Rightarrow
\begin{array}{r} \text{①} \\ 456 \\ +768 \\ \hline 4 \end{array}
\Rightarrow
\begin{array}{r} \text{①}1 \\ 456 \\ +768 \\ \hline 24 \end{array}
\Rightarrow
\begin{array}{r} 1\ 1 \\ 456 \\ +768 \\ \hline 1224 \end{array}
$$

6+8   10+50+60   100+400+700

받아올림이 있는 계산을 할 때는 일의 자리부터 해야 해요. 계산 과정에서 받아올림을 하지 않거나, 받아올림을 해도 윗자리에서 계산할 때 빼먹고 계산하지 않는 일이 종종 생기기 때문이에요.

 개념 다지기

• 네모 안에 알맞은 수를 써 넣으세요.

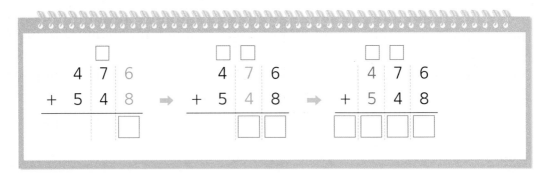

 핵심 콕콕 세로로 자리를 맞추어 일의 자리부터 계산!

받아내림이 있는 세 자릿수의 뺄셈은 어떻게 해요?

개념 익히기

받아내림이 뭘까요?

254-136, 그림으로 알아보기

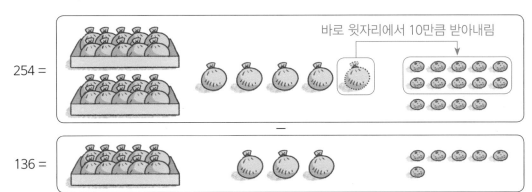

```
  2상자  5봉지   4개
-  1상자  3봉지   6개
─────────────────────
            10을 받아내림
               ↓   ↱
  2상자  4봉지  14개
-  1상자  3봉지   6개
─────────────────────
  1상자  1봉지   8개
```

같은 자리의 수끼리 **뺄** 때 항상 큰 수에서 작은 수를 **뺄** 수 있는 것은 아니에요. 작은 수에서 큰 수를 빼는 경우도 생기죠. 그럴 때는 바로 윗자리에서 10만큼 빌려 와서 **빼야** 해요. 그림에서 귤 10개가 든 봉지를 풀어서 낱개로 만든 것처럼 말이죠.

이렇게 계산하는 것을 '받아내림'이라고 하는데, 바로 윗자리에서 10을 받아내려 계산하는 방법이에요. 이때 빌려 온 바로 윗자리 수는 1만큼 작아진답니다. 받아내림 없이는 뺄셈을 제대로 계산할 수 없기 때문에 받아내림의 원리를 정확히 이해하는 게 중요하답니다.

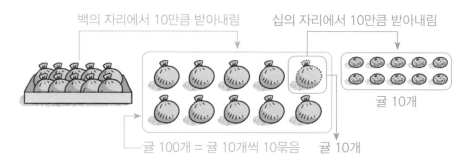

백의 자리에서 10만큼 받아내림   십의 자리에서 10만큼 받아내림

귤 100개 = 귤 10개씩 10묶음   귤 10개   귤 10개

254-136, 세로셈으로 알아보기

```
                        윗자리에서 받아내린 10
                          ↓
                        4  10          4  10         4  10
    2 5 4       2 5̸ 4       2 5̸ 4       2 5̸ 4
  - 1 3 6  ➡  - 1 3 6  ➡  - 1 3 6  ➡  - 1 3 6
  ─────────   ─────────   ─────────   ─────────
                    8           1 8         1 1 8
                    ↑           ↑           ↑
                  14-6        40-30       200-100
  수의 자리를 맞춰 쓰고   일의 자리 계산   십의 자리 계산   백의 자리 계산
```

➡ 자리 수끼리 뺄 수 없는 수는 바로 윗자리에서 10을 받아내림

254-136을 세로셈으로 나타내 보았어요. 뺄셈도 덧셈과 마찬가지로 같은 자리끼리 줄을 맞춰서 계산해야 해요.

받아내림이 있는 뺄셈

십의 자리에서
받아내림한 10

백의 자리에서
받아내림한 10

천의 자리에서
받아내림한 10

```
                    1 ⑩              3 ⑪ 10           ⑬ 11 10
  1 4 2 6      1 4 2 6        1 4 2 6        1 4 2 6
 -  8 5 8  ⇒  -  8 5 8   ⇒   -  8 5 8   ⇒   -  8 5 8
                      8            6 8            5 6 8
                      ↑             ↑              ↑
                    16-8          110-50         1300-800
```

받아내림이 있는 계산을 할 때는 받아내림한 수와 받아내림하고 남은 수를
각 자리 숫자 위에 작게 표시하여 잊지 않고 계산해야 해요.

 개념 다지기

• 네모 안에 알맞은 수를 써 넣으세요.

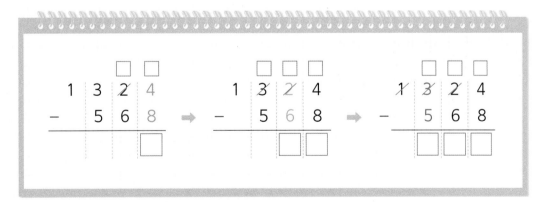

 핵심 콕콕 같은 자리의 수끼리 뺄 수 없을 때, 바로 윗자리에서
10만큼 빌려 와서 계산하는 것이 받아내림!

19

나누는 것에도 다양한 방법이 있나요?

개념 익히기

상황에 따라 달라지는 나눗셈의 의미

'6÷2=3'이라는 나눗셈식에는 두 가지 뜻이 포함되어 있어요. 하나는 '사탕 6개를 2개씩 나눠 주었을 때 모두 몇 명이 먹을 수 있을까요?'이고, 나머지 하나는 '사탕 6개를 2명이 나누어 먹을 때 각각 몇 개씩 먹을 수 있을까요?'입니다. 두 가지 경우 모두 '6÷2=3'이라는 나눗셈식으로 표현할 수 있지만 가지고 있는 뜻은 다른 것이죠.

덜어 내는 나눗셈

사탕 6개를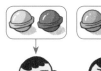

3명에게 똑같이
2개씩 덜어 내면

$$6-2-2-2=0$$

나눠지는 수 나누는 수   몫
6개 ÷ 2개 = 3명

사탕 6개를 2개씩 덜어 내면 3명이 가질 수 있다.

똑같이 나누는 나눗셈

사탕 6개를

2명에게 똑같이
나누어 주면

나눠지는 수 나누는 수   몫
6개 ÷ 2명 = 3개

사탕 6개를 2명이 똑같이 나누면 3개씩 가질 수 있다.

개념 플러스

똑같은 개수씩 덜어 내는 나눗셈=포함제

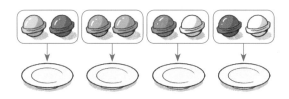

$$8-2-2-2-2=0$$
$$8÷2=4$$

나눠지는 수 나누는 수   몫
8개 ÷ 2개 = 4접시

사탕 8개를 2개씩 네 번을 덜어 내면 4접시가 되어요. 8 안에 2가 네 번 포함되어 있다는 뜻으로 '포함제 나눗셈'이라고 이름 붙여 주었답니다.

어떤 수를 똑같이 몇으로 나누는 나눗셈=등분제

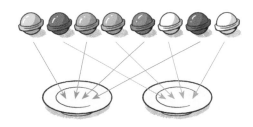

$$8 \div 2 = 4$$

나눠지는 수　　나누는 수　　　　몫

$$8개 \div 2접시 = 4개$$

사탕 8개를 2접시에 똑같이 나누면 4개씩 담을 수 있어요. 똑같이 나누기 때문에 '등분제 나눗셈'이라는 이름을 갖게 되었어요.

개념 다지기

• 색종이가 한 묶음에 6장씩 2묶음이 있어요. 이 색종이를 3명에게 똑같이 나누어 주면 한 사람이 가지게 되는 색종이는 몇 장일까요? 또 이 색종이를 4장씩 나누어 주면 몇 명에게 줄 수 있을까요?

 나눗셈은 똑같은 개수씩 덜어 내는 것과 똑같이 나누는 것 두 가지!

나눗셈과 곱셈이 짝꿍이라고요?

개념 익히기

나눗셈과 곱셈은 뗄 수 없어요

덧셈		뺄셈
2+2+2+2+2=10	➡	10-2-2-2-2-2=0

곱셈		나눗셈
2×5=10	➡	10÷2=5

어떤 수를 여러 번 더하는 것은 어떤 수와 더하는 횟수의 곱으로 나타낼 수 있어요. '2+2+2+2+2=10'은 2를 다섯 번 더한다는 뜻으로 곱셈으로 간단히

23

나타내면 '2×5=10'이에요. 또한, 주어진 수에서 어떤 수를 여러 번 빼는 것은 어떤 수와 빼는 횟수의 나눗셈으로 나타낼 수 있어요. 10을 2씩 빼다 보면 다섯 번 만에 0이 된다는 뜻인, '10-2-2-2-2-2=0'이라는 식은 나눗셈으로 간단히 나타내면 '10÷2=5'예요. 덧셈과 뺄셈의 관계가 서로 짝꿍처럼 연결되듯, 곱셈과 나눗셈도 짝꿍처럼 연결되는 것을 확인할 수 있어요.

개념 플러스

그림으로 살펴보는 곱셈과 나눗셈의 관계

묶음 수		한 묶음 안의 수		전체
○	×	△	=	□
	×		=	
2	×	6	=	12

친구와 함께 문구점에서 딱지를 6개씩 샀어요. 우리가 산 딱지는 모두 몇 개인지 곱셈해 본 결과 12개가 나왔어요. 이것은 전체를 의미하지요.

전체		묶음 수		한 묶음 안의 수
□	÷	○	=	△
	÷		=	
12	÷	2	=	6

전체		한 묶음 안의 수		묶음 수
□	÷	△	=	○
	÷		=	
12	÷	6	=	2

이와 반대되는 상황은 전체를 묶음 수나 한 묶음 안의 수로 나누는 것을 말해요. 딱지 12개를 2명이 똑같이 나누어 가지게 되면 한 사람당 6개씩 가지게 되고, 딱지 12개를 6개씩 나누어 주면 2명이 가질 수 있어요. 이렇게 곱셈과 나눗셈은 덧셈과 뺄셈의 관계처럼 서로 반대되는 상황이랍니다.

• 숫자 카드를 모두 사용해서 서로 다른 곱셈식과 나눗셈식을 만들어 보세요.

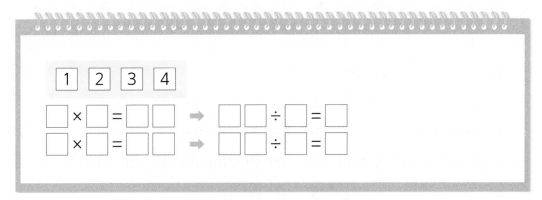

•• 그림을 보고 곱셈식과 나눗셈식으로 나타내 보세요.

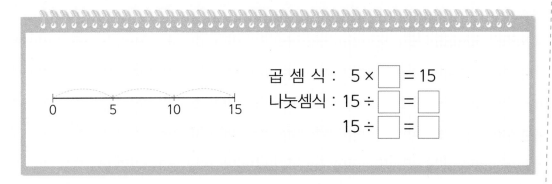

곱 셈 식 : $5 \times \square = 15$

나눗셈식 : $15 \div \square = \square$

　　　　　$15 \div \square = \square$

곱셈식은 나눗셈식으로 바꿀 수 있고
나눗셈식은 곱셈식으로 바꿀 수 있다!

나눗셈의 몫을 곱셈구구로 어떻게 구해요?

개념 익히기

곱셈구구표로 나눗셈을 해결해 보아요

정수는 김밥 30줄을 비닐봉지 6개에 나눠 담으면 몇 봉지가 되는지 알기 위해 곱셈구구 6단을 골똘히 생각하고 있어요. '구구단'이라고도 부르는 '곱셈구구'는 1~9까지의 수에 1~9까지의 수를 각각 곱한 값이 무엇인지 나타내는 것이에요. 곱셈이나 나눗셈을 할 때 꼭 필요하지요. 곱셈구구는 규칙이 있어서 표로 나타낼 수 있답니다. 곱셈구구표를 이용해서 나눗셈의 몫을 구하는 방법을 알아볼까요?

③

×	0	1	2	3	4	5	6	7	8	9
0	0	0	0	0	0	0	0	0	0	0
1	0	1	2	3	4	5	6	7	8	9
2	0	2	4	6	8	10	12	14	16	18
3	0	3	6	9	12	15	18	21	24	27
4	0	4	8	12	16	20	24	28	32	36
5	0	5	10	15	20	25	30	35	40	45
6	0	6	12	18	24	30	36	42	48	54
7	0	7	14	21	28	35	42	49	56	63
8	0	8	16	24	32	40	48	56	64	72
9	0	9	18	27	36	45	54	63	72	81

① (6단 행)

② (30 화살표)

① 나눗셈식을 해결하기 위한 곱셈식을 몇 단 곱셈구구에서 찾을 수 있는지 확인해요.

② 찾은 단의 곱셈구구에서 곱의 결과가 나오는 곱셈식을 찾아요.

③ 해당하는 곱셈식을 찾아 몫을 확인해요.

만화 속 문제 해결

① 30÷6의 몫을 구하기 위한 곱셈식은 6단 곱셈구구에서 찾을 수 있어요.

② 6단 곱셈구구에서 곱의 결과가 30인 곱셈식을 찾아요.

③ 6×5=30이므로 30÷6에서 몫은 5예요. 따라서 김밥은 총 5봉지예요.

개념 플러스

곱셈구구 활용 나눗셈 정리

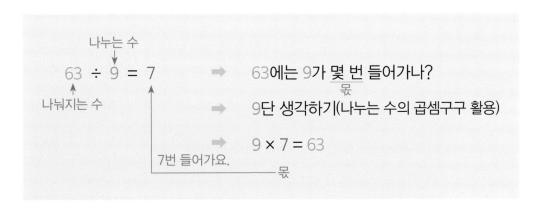

나누는 수

63 ÷ 9 = 7

나눠지는 수

➡ 63에는 9가 몇 번 들어가나?
　　　　　　　　　　　몫

➡ 9단 생각하기(나누는 수의 곱셈구구 활용)

➡ 9 × 7 = 63

7번 들어가요.
　　　　　몫

나눗셈의 몫을 구할 때는 나누는 수의 곱셈구구를 활용하면 쉽게 해결되어요. 63÷9의 몫을 구할 때 9단 곱셈구구에서 필요한 것은 '9×7=63'이에요. 그래서 63÷9의 몫은 '7'이에요.

개념 다지기

• 두 수를 나눗셈하여 빈칸을 채워 보세요.

7	56		24	8	2	6
	27	9	30	6	10	2
4	32	9	63		36	6

•• □ 안에 공통으로 들어갈 수를 구해 보세요.

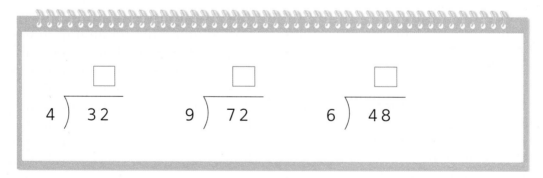

$$4\,)\overline{\,32\,}\qquad 9\,)\overline{\,72\,}\qquad 6\,)\overline{\,48\,}$$

 나눗셈의 몫은 나누는 수의 곱셈구구를 외워서 나눠지는 수가 나오는 곱셈식을 찾아서 구하자!

나눗셈은 왜 윗자리부터 몫을 구할까요?

개념 익히기

나눗셈은 왜 윗자리부터 계산해야 할까요?

덧셈, 뺄셈, 곱셈은 맨 아랫자리(일의 자리)부터 계산했어요. 그런데 나눗셈은 윗자리(높은 자리)부터 계산하여 몫을 구해야 해요. 윗자리부터 계산해야 나누기 편리하기 때문입니다.

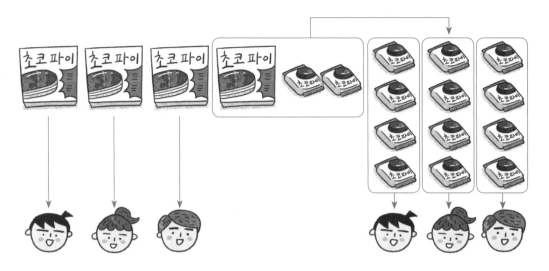

　10개씩 포장되어 있는 초코파이 상자 4갑과 낱개 2개가 있어요. 총 42개의 초코파이를 3명이 똑같이 나누어 가지려면, 다 뜯어서 낱개로 나누어 주기보다는 먼저 상자를 1갑씩 나누어 주게 됩니다. 3명에게 상자를 1갑씩 주고 나면 상자 1갑과 낱개 2개가 남습니다. 포장을 뜯어 낱개로 만들면 남은 초코파이는 12개로, 이것은 3명이 4개씩 나누어 가질 수 있는 양입니다. 그래서 1명이 가지는 초코파이는 10개씩 포장된 상자 1갑과 낱개 4개를 더해 14개가 되지요.

　만약, 낱개인 초코파이 2개부터 3명에게 나누어 주려면, 1명이 하나씩 가질 수 없으므로 덩어리를 쪼개서 나누어야 합니다. 쉽게 할 수 있는 일이 복잡해지고 마는 것이죠.

개념 플러스

나눗셈의 세로셈

　수를 나눌 때는 보통 세로로 계산해요. 세로로 계산하면 셈의 결과를 간편하게 확인할 수 있기 때문이죠.

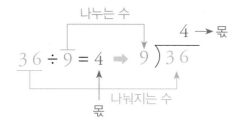

세로셈으로 계산할 때 덧셈, 뺄셈, 곱셈은 답을 맨 아래에 쓰지만, 나눗셈은 답을 맨 위에 적어요. 나눗셈 계산은 곱셈과 뺄셈처럼 성격이 완전히 다른 두 가지 계산을 모두 사용하고, 나누어떨어지거나 일정한 값이 나올 때까지 계속해서 계산을 해야 해요. 계산이 얼마나 길게 될지 미리 알 수가 없어서 아래쪽에 답을 적기가 힘듭니다. 그래서 위쪽에 미리 답을 쓸 공간을 확보하기 위해 세로셈 형태로 계산해요.

개념 다지기

• 나눗셈이 나누어떨어진다고 할 때, 0부터 9까지의 숫자 중에서 ☐ 안에 들어갈 수 있는 숫자를 모두 구하세요.

 나눗셈은 윗자리부터 계산!

두 자릿수의 곱셈은 어떻게 해요?

자리에 맞추어 두 자릿수의 곱셈하기

곱셈구구표 이용하기

23×6을 곱해 볼까요? 곱할 때는 자리에 따라 값이 달라지므로 23은 '20+3'으로 나누어 생각해야 해요. 20×6=120이고, 3×6=18이에요. 그러므로 23×6은 120에 18을 더한 138이라는 것을 알 수 있어요.

×	0	1	2	3	4	5	6	7	8	9
0	0	0	0	0	0	0	0	0	0	0
1	0	1	2	3	4	5	6	7	8	9
2	0	2	4	6	8	10	12	14	16	18
3	0	3	6	9	12	15	18	21	24	27
4	0	4	8	12	16	20	24	28	32	36
5	0	5	10	15	20	25	30	35	40	45
6	0	6	12	18	24	30	36	42	48	54
7	0	7	14	21	28	35	42	49	56	63
8	0	8	16	24	32	40	48	56	64	72
9	0	9	18	27	36	45	54	63	72	81

세로셈을 이용하기

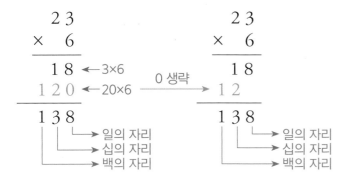

```
    2 3              2 3
  ×   6            ×   6
  ─────            ─────
    1 8  ←3×6        1 8
  1 2 0  ←20×6   0생략  1 2
  ─────            ─────
  1 3 8            1 3 8
```
일의 자리
십의 자리
백의 자리

일의 자리
십의 자리
백의 자리

큰 수의 계산은 세로셈으로 하는 것이 훨씬 편해요. 세로셈을 하면 수를 자릿수에 맞춰 쓰기 때문에 계산에 영향을 주지 않는 0은 생략하여 쓰기도 합니다. 십의 자리의 2와 일의 자리의 6을 곱한 것을 120이라고 쓰지 않고 0을 생략하여 오른쪽처럼 간단히 12라고 쓰는 것처럼 말이죠. 단, 1은 백의 자리에 2는 십의 자리에 정확하게 맞춰 써야 계산이 틀리지 않아요.

개념 플러스

두 자릿수끼리의 곱셈

```
    2 8              2 8
  × 7 3            × 7 3
  ─────            ─────
    2 4  ←8×3        2 4
    6 0  ←20×3  0생략    6
  5 6 0  ←8×70       5 6
1 4 0 0  ←20×70    1 4
  ─────            ─────
2 0 4 4          2 0 4 4
```
일의 자리
십의 자리
백의 자리
천의 자리

일의 자리
십의 자리
백의 자리
천의 자리

두 자릿수끼리의 곱셈을 할 때에도 늘 자릿수에 주의하면서 곱셈구구표와 세로셈을 이용하여 풀어야 해요.

　28×73은 '28×70'과 '28×3'으로 나누어 생각할 수 있어요. 28×70은 다시 '20×70', '8×70'으로 나타낼 수 있지요. 28×3은 '20×3', '8×3'으로 나누어 계산할 수 있어요. 이렇게 계산한 결과를 모두 더하면 2044(20×70=1400, 8×70=560, 20×3=60, 8×3=24, 총합 1400+560+60+24=2044)가 됩니다.

・그림을 보고 네모 안에 알맞은 수를 써 넣으세요.

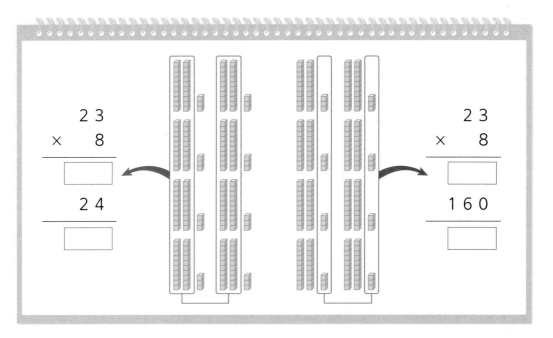

 두 자릿수의 곱셈은 세로셈으로 자릿수에 맞추어 쓴다!

올림이 있는 곱셈은 어떻게 해요?

이건 안 쓰는 거니까 올려놔야지~

물건을 올리는 모습을 보니 수학에서 하는 올림이 생각나는군.

아! 덧셈할 때 하는 받아올림?

하하, 곱셈에서도 올림이 있지!

 **개념 익히기**

곱셈의 올림

올림

$$
\begin{array}{r}
\overset{2}{1}6 \\
\times\ \ 4 \\
\hline
4
\end{array}
$$

십의 자리를 계산할 때 잊지 않고 더해야 해요.

$$
\begin{array}{r}
\overset{2}{1}6 \\
\times\ \ 4 \\
\hline
64
\end{array}
$$

덧셈에서 각 자리의 숫자끼리 더해 나온 값이 10을 넘으면, 10을 윗자리에

35

1로 받아올렸어요. 그것을 '받아올림'이라고 하지요. 곱셈에서도 마찬가지로 윗자리로 올리는 것이 있는데, 이때는 '올림'이라고 불러요.

올림은 곱셈에서 곱한 값이 몇십 몇이 되었을 때 몇십의 '몇'을 윗자리로 올리는 것이에요. 16×4를 곱셈할 때, 6×4의 값인 24 중에서 4는 일의 자리에 그대로 두고 2를 윗자리인 십의 자리로 올리는 것이 '올림'이지요. 올린 값은 2라고 썼지만 20을 뜻해요.

작은 값을 받아올리는 덧셈과 달리 곱셈은 쉽게 큰 값이 되어, 큰 수를 올려야 할 때가 많아요. 그럴 때 당황하지 않고 각 경우에 맞추어, '60'이면 윗자리에 '6'으로 올리고, '81'이면 윗자리에 '8'로 올림하면 된답니다. 일의 자리에서 올림이 있으면 십의 자리로 올리고, 십의 자리에서 올림이 있으면 백의 자리로 올려요. 또한, 윗자리의 곱을 하고 나서는 반드시 올림한 값을 더해 주어야 해요.

올림이 한 번 있는 곱셈의 계산

일의 자리에서 올림이 한 번 있는 경우

$$
\begin{array}{r}
\overset{2}{} \\
3\;7 \\
\times\;\quad 4 \\
\hline
8
\end{array}
\qquad\Rightarrow\qquad
\begin{array}{r}
\overset{2}{} \\
3\;7 \\
\times\;\quad 4 \\
\hline
1\;4\;8
\end{array}
$$

① 곱하는 수 4를 일의 자리 숫자인 7과 곱해요.
② 7×4=28에서 십의 자리 숫자 2는 십의 자리로 올림하고, 8은 일의 자리에 적어요.

③ 곱하는 수 4를 십의 자리 숫자인 3과 곱해요.
④ 3×4=12와 올림한 숫자 2를 더해서 자릿수에 맞게(1은 백의 자리에, 4는 십의 자리에) 적어요.

십의 자리에서 올림이 한 번 있는 경우

```
      5 1              5 1
   ×    5      ⇒    ×    5
        5          2 5 5
```

① 곱하는 수 5를 일의 자리 숫자인 1과 곱해요.
② 1×5=5에서 5를 일의 자리에 적어요.

③ 곱하는 수 5를 십의 자리 숫자인 5와 곱해요.
④ 5×5=25에서 5는 십의 자리에 쓰고, 2는 백의 자리에 적어요.

(두 자릿수)×(한 자릿수)의 계산에는 (몇)×(몇)과 (몇십)×(몇)의 계산이 있어요. 이러한 곱셈에서 올림이 한 번 있다는 말은 일의 자리에서 십의 자리로 올림이 한 번 있거나, 십의 자리에서 백의 자리로 올림이 한 번 있다는 것이에요. 이러한 계산을 할 때에는 자리를 잘 맞춰서 쓰는 것이 중요해요.

개념 다지기

• ☐ 안에 알맞은 수를 써넣고, 어떻게 풀었는지 설명해 보세요.

```
      ☐ 6
   ×   ☐    ⇒
   1 0 4
```

핵심 콕콕
올림이 있는 곱셈에서 무엇보다 중요한 것은 자릿수에 맞춰 적는 것!

0도 나머지라고요?

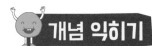

나눗셈의 두 가지 경우

구슬이 361개 있을 때 3으로 나누면 1 개가 남아요. 이때 남는 '1'을 '나머지'라고 합니다. 만약 구슬 360개를 3으로 나누면 나머지가 없는 걸까요? 아니에요. 나머지는 '0'이 되는 거랍니다. 그러나 실제로 나눗셈식을 쓸 때에는 나머지 '0'은 생략해서 써요.

$$361 \div 3 = 120 \cdots 1 \Rightarrow 나머지$$
$$360 \div 3 = 120 \cdots 0 \Rightarrow 생략$$

나머지가 '0'이 아닌 나눗셈

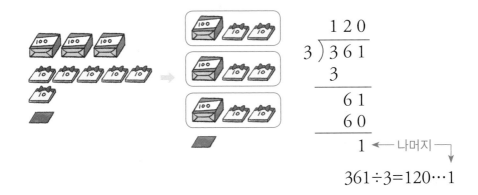

$$120$$
$$3{\overline{)361}}$$
$$\underline{3}$$
$$61$$
$$\underline{60}$$
$$1 \leftarrow \text{나머지}$$

$$361 \div 3 = 120 \cdots 1$$

나머지가 '0'인 나눗셈

$$120$$
$$3{\overline{)360}}$$
$$\underline{3}$$
$$60$$
$$\underline{60}$$
$$0 \leftarrow \text{나머지}$$

$$360 \div 3 = 120$$
(나머지 '0' 은 생략)

개념 플러스

어림해 보면 쉬워요

$$
\begin{array}{r}
3 \leftarrow \text{몫} \\
4{\overline{)15}} \leftarrow \text{나눠지는 수} \\
\underline{12} \\
3 \leftarrow \text{나머지}
\end{array}
$$

나누는 수↗

$$15 \div 4 = 3 \cdots 3$$

나눠지는 수 　나누는 수 　몫 　나머지

나눠지는 수 안에 나누는 수가 몇 번 들어가는지 어림할 수 있어야 문제를 쉽게 해결할 수 있어요. 15÷4를 할 때, 15 안에 4가 몇 번 들어가는지 빨리 떠올라야 쉽게 풀 수 있는 것이지요. 만약 4가 네 번 포함된다면 4×4=16이므로 나눠지는 수인 15보다 커져요. 다시 몫을 하나 작게 3으로 어림해 보면 4×3=12가 되므로 15보다 작은 값이 나와요. 따라서 15 안에는 4가 세 번 포함되고, 3이 남는다는 것을 알 수 있어요. 또한, 나머지는 나누는 수보다 항상 작아요.

검산으로 확인하기

나눗셈식 : 13 ÷ 4 = 3 ⋯ 1

검산 : 4 × 3 + 1 = 13

나눗셈을 한 후, 검산을 통하여 나눗셈이 바르게 되었는지 확인해야 해요. 검산은 나눗셈과 곱셈 사이의 관계를 파악하는 데 있어서도 중요한 과정이에요.

개념 다지기

• 나눗셈을 하여 빈칸에 몫과 나머지를 쓰세요.

(1) 49 ÷ 13 = ☐ ⋯ ☐   (2) 91 ÷ 25 = ☐ ⋯ ☐

(3) 94 ÷ 30 = ☐ ⋯ ☐   (4) 45 ÷ 17 = ☐ ⋯ ☐

핵심 콕콕 나머지는 나누는 수보다 항상 작아요.
어림하여 계산할 때 꼭 기억해요!

덧셈, 뺄셈, 곱셈, 나눗셈이 섞여 있으면 뭐부터 계산해요?

개념 익히기

혼합 계산의 순서

여러 부호가 섞여 있는 혼합 계산은 어떤 것부터 풀어야 할지 헷갈리는 경우가 많아요. 덧셈과 뺄셈을 배울 때 순서대로 계산하지 않아서 답이 틀렸던 경험이 있다면, 계산 순서가 복잡해질 때 어떻게 풀지 더 고민하게 되지요. 여러 부호가 섞여 있는 식을 풀 때는 계산하는 순서를 머릿속에 잘 기억해 두었다가 문제를 풀어야 해요.

덧셈과 뺄셈이 섞여 있는 혼합 계산

$$32 - 18 + 7 = 21$$

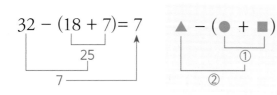

차례대로(왼쪽에서 오른쪽으로) 계산해요.

덧셈과 뺄셈, 괄호가 섞여 있는 혼합 계산

$$32 - (18 + 7) = 7$$

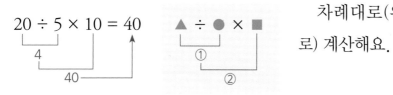

괄호 안을 먼저 계산해요.

곱셈과 나눗셈이 섞여 있는 혼합 계산

$$20 \div 5 \times 10 = 40$$

차례대로(왼쪽에서 오른쪽으로) 계산해요.

개념 플러스 ·

차근차근 복잡한 계산 파헤치기

덧셈, 뺄셈, 곱셈, 나눗셈이 섞여 있는 혼합 계산

$$23 - 56 \div 8 + 9 \times 3 = 43$$

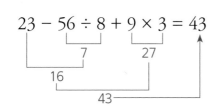 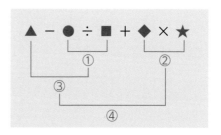

곱셈과 나눗셈을 먼저 계산한 후 덧셈과 뺄셈을 계산해요.

괄호, 덧셈, 뺄셈, 곱셈, 나눗셈이 섞여 있는 혼합 계산

$$90 ÷ 6 + (23 - 11) × 2 = 39$$

15   12

24

39

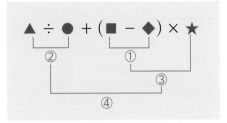

괄호 안을 먼저 계산한 후 곱셈과 나눗셈을 계산해요. 그러고 나서 덧셈과 뺄셈을 계산해요.

개념 다지기

• 보기와 같이 계산해 보아요.

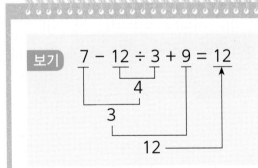

보기 $7 - 12 ÷ 3 + 9 = 12$

4

3

12

(1) $94 - 72 ÷ 8 + 14 =$ ☐   (2) $45 ÷ (3 + 6) × 15 - 49 =$ ☐

핵심 콕콕   괄호 안 계산 ➡ 곱셈, 나눗셈 계산 ➡ 덧셈, 뺄셈 계산!

23145에서 가장 작은 수는 1 아니에요?

23145에서 제일 작은 수는 1이라고!

몇 번을 말해야 되냐? 5라니까!

100이랑 5 중에 뭐가 작아?

그걸 모를까 봐? 5가 작지.

그래, 5가 제일 작은 수야.

 **개념 익히기**

숫자와, 자릿값으로 나타내는 수

	만의 자리	천의 자리	백의 자리	십의 자리	일의 자리
숫자	2	3	1	4	5
수(자릿값)	20000	3000	100	40	5

　23145에 있는 숫자는 '2, 3, 1, 4, 5'예요. 하지만 각 숫자들이 놓여 있는 자리에 따라 나타내는 수는 달라져요. 이것을 우리는 '자릿값'이라고 해요. 자릿값은 위처럼 표로 나타내면 훨씬 이해하기 쉬워지죠. 각 자리의 숫자가 나타

내는 값의 합으로 나타내면 23145는 '20000+3000+100+40+5'입니다. 따라서 가장 작은 수는 일의 자리 수인 5예요.

같은 숫자도 자리에 따라 나타내는 값이 달라요

23185, 32167, 59342

만의 자리   천의 자리   일의 자리

화살표가 가리키는 숫자는 모두 '2'예요. 하지만 각각이 나타내는 값은 다르답니다. 23185는 10000이 둘, 1000이 셋, 100이 하나, 10이 여덟, 1이 다섯인 수이기 때문에 2는 '20000'을 나타내요. 32167은 10000이 셋, 1000이 둘, 100이 하나, 10이 여섯, 1이 일곱인 수예요. 따라서 2는 '2000'을 나타내지요. 마지막으로 59342는 10000이 다섯, 1000이 아홉, 100이 셋, 10이 넷, 1이 둘인 수예요. 따라서 2는 '2'를 나타내요. 이렇게 같은 숫자라도 어느 자리에 있느냐에 따라 나타내는 값인 '자릿값'이 달라진답니다.

개념 플러스

30008? 300008?

	만의 자리	천의 자리	백의 자리	십의 자리	일의 자리
숫자	3	0	0	0	8
수(자릿값)	30000	0	0	0	8

30008을 나타내는 숫자와, 자릿값으로 나타낸 수를 표로 나타내 보았어요. 그런데 천의 자리, 백의 자리, 십의 자리 수가 0이에요. 자릿값이 0인 수는 읽을 수가 없어요. 그래서 30008은 '삼만 팔'이라고 읽어야 해요.

이때 자릿값을 정확히 모르면 삼만 팔을 써 보라는 이야기에 '300008'이라고 쓰기도 해요. '30000'과 '8'을 붙여서 써 버린 것이지요. 이렇게 쓰면 3은 만의 자리가 아닌 십만의 자리에 있게 되어요. 전혀 다른 자릿값을 가지게 되는 것이지요. 이처럼 수에서는 자릿값이 중요하답니다. 숫자와 수는 다르다는 것을 잊지 말아요!

• 예진이는 만 원짜리 지폐 1장, 천 원짜리 지폐 3장, 백 원짜리 동전 5개, 십 원짜리 동전 7개를 가지고 있어요. 예진이가 가지고 있는 돈은 모두 얼마인지 자릿값을 나타내는 수로 나타내 보세요.

$$13570 = \boxed{} + \boxed{} + \boxed{} + \boxed{}$$

•• 다음 중 밑줄 친 숫자 7이 나타내는 값을 모두 더하면 얼마일까요?

1853<u>7</u>   <u>7</u>1985   2<u>7</u>608   36<u>7</u>28 ➡

핵심 콕콕 자리에 따라 나타내는 값이 달라져요!

큰 수는 어떻게 읽어요?

개념 익히기

큰 수를 읽는 방법

숫자	1	5	6	2	9	7	5	9	3	8	0	0	0	0	0
수 (자릿값)	천	백	십	일	천	백	십	일	천	백	십	일	천	백	십	일
		조				억				만						

큰 수를 읽을 때에는 일의 자리에서부터 네 자리씩 끊은 다음, 단위를 조, 억, 만, 일로 하여 왼쪽부터 차례대로 읽어요. 읽어 보면 '천오백육십이조 구천칠백오십구억 삼천팔백만'이에요.

47

큰 수를 앞에서 배운 대로 읽어 보아요

25 / 8196 / 2532 / 9168

① 수를 일의 자리부터(뒤에서 앞으로) 네 자리씩 끊어 표시해요.

25 / 8196 / 2532 / 9168
　조　　억　　만

② 처음 끊은 부분부터(뒤에서부터) 만, 억, 조순으로 써요.

25조 8196억 2532만 9168

③ 각 단위별로 숫자를 끊어서 쓴 뒤, 수를 읽어 보아요!

읽어 보면, '이십오조 팔천백구십육억 이천오백삼십이만 구천백육십팔'이에요. 아래와 같이 표로 만들어서 나타내면 더 편해요.

십	일	천	백	십	일	천	백	십	일	천	백	십	일
조				억				만					
2	5	8	1	9	6	2	5	3	2	9	1	6	8

한 번 더 읽어 볼까요?

	천	백	십	일	천	백	십	일	천	백	십	일	천	백	십	일
			조				억				만					
①	1	3	6	1	0	7	6	9	0	0	0	0	0	0	0	0
②			2	1	9	0	8	1	6	8	2	1	0	0	0	0
③			3	2	1	5	8	7	5	6	3	2	0	0	0	0
④	2	3	8	7	5	6	6	1	8	7	0	2	6	6	7	3

① 1361조 769억 ➡ 천삼백육십일조 칠백육십구억

② 21조 9081억 6821만 ➡ 이십일조 구천팔십일억 육천팔백이십일만

③ 32조 1587억 5632만 ➡ 삼십이조 천오백팔십칠억 오천육백삼십이만

④ 2387조 5661억 8702만 6673 ➡ 이천삼백팔십칠조 오천육백육십일억 팔천칠백이만 육천육백칠십삼

동서양의 수 표기법

동양식 표기법	서양식 표기법
25819625329168	25,819,625,329,168

우리가 속한 동양에서는 '조', '억', '만' 등 네 자리씩을 한 단위로 수를 세어요. '만'의 만 배는 '억', '억'의 만 배는 '조'로 나타내지요. 이에 비해 서양에서는 '천', '백만', '십억'처럼 세 자릿수마다 구분되는 수 개념을 가지고 있어요. 1882년에 미국과 맺은 조미수호통상조약으로 인하여 숫자를 쓸 때는 서양을 따라 세 자리마다 쉼표를 찍고, 읽을 때는 네 자리씩 끊어 읽게 되었어요.

개념 다지기

• 보기 와 같이 읽어 보세요.

보기   43525788   ➡   사천삼백오십이만 오천칠백팔십팔

(1) 5367546 ➡ _____

(2) 31527674 ➡ _____

핵심 콕콕   큰 수를 읽을 때는 일의 자리부터 네 자리씩 끊어서 높은 자리부터 조, 억, 만순으로 읽는다!

앞자리 수가 크면 더 큰 수 아닌가요?

용돈 받은 걸로 뭐 사지?

똑같은 모델인데 왜 가격이 다를까? 난 더 싼 거 사야지~

100,000 원   99,999원

9보다 1이 작으니까 이걸 사야겠다.

100,000 원 짜리

와!   난 정말 현명해!

계산대

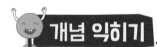

개념 익히기

자릿수를 비교해요

수 (자릿값)	십만의 자리	일만	천의 자리	백의 자리	십의 자리	일의 자리
99999		9	9	9	9	9
100000	1	0	0	0	0	0

아이는 맨 앞자리에 큰 수가 나오니 99999원인 장난감이 더 비싸다고 생각했어요. 하지만 99999는 다섯 자릿수이고 100000은 여섯 자릿수예요. 자릿수가 하나 더 많은 쪽이 더 비싼 것이랍니다.

자릿수가 같을 때

십만	만	천	백	십	일		십만	만	천	백	십	일
9	8	5	0	0	0	vs	9	8	3	0	0	0

십만 자리 숫자 비교
만 자리 숫자 비교
천 자리 숫자 비교

　자릿수가 같을 때는 먼저 가장 앞에 나오는 수를 비교해야 해요. 십만 자리 숫자는 똑같이 9이고, 그 다음인 만의 자리 숫자는 똑같이 8이에요. 다음으로 천의 자리를 보니 한쪽은 5, 다른 한쪽은 3이에요. 5가 더 큰 숫자이므로 985000이 983000보다 더 큰 수라는 것을 알 수 있어요.

 개념 다지기

• 수를 읽고 크기를 비교하여 □ 안에 부등호를 알맞게 써 보세요.

(1) 41368380 □ 3851만 1569

(2) 72조 3750억 2388만 9617 □ 540637850032418

 핵심 콕콕
자릿수가 다르면 자릿수가 많은 쪽이 크고,
자릿수가 같으면 높은 자릿값의 숫자부터 비교한다!

2
분수

- 단위분수
- 진분수
- 가분수
- 대분수
- 분수의 계산
- 대분수의 계산
- 크기가 같은 분수

분자가 1인 분수

단위분수의 크기 비교

분모보다 분자가 작은 분수

분자가 분모보다 더 큰 분수

자연수와 함께 있는 분수

분모는 그대로, 분자끼리 계산

자연수는 자연수끼리, 분수는 분수끼리 계산

같은 크기를 다른 분수로 나타낼 수 있어요

분수를 나타낼 때는 왜 수가 2개나 필요할까요?

3학년 1학기
6. 분수와 소수

3학년 2학기
4. 분수

 **개념 익히기**

분수는 0과 1 사이를 나타내요

동생이 먹은 케이크는 '반'이라고 표현할 수도 없는 양이에요. 하지만 케이크 전체를 1이라고 봤을 때, 남은 양이 1보다는 적지요. 이렇게 1보다 부족한 양을 나타낼 때 사용하는 것이 바로 분수예요. 1, 2, 3…과 같은 자연수로 모든 양을 표현하기에는 모자라거나 남는 양이 있기 때문에 0보다 크지만 1보다 작은 수, 즉 0과 1 사이의 숫자는 분수로 표현해요.

동생이 먹은 케이크의 양을 표현하려면?

동생은 케이크 한 판을 똑같이 4등분한 것 중 1개를 먹었어요. 그 양을 분수로 나타내면 $\frac{1}{4}$ 이랍니다. 분수에서 가로 선의 아래쪽에 있는 수는 '분모', 위쪽에 있는 수는 '분자'라고 불러요. 분모는 몇 조각으로 나누었는지를 의미하고, 분자는 그 조각

$$\frac{분자(그중의 몇 개인가)}{분모(전체를 몇 개로 나누었는가)}$$

분수는 양을 똑같이 나누는 과정에서 생겼어요. 똑같이 나누어지지 않는다면 분수가 될 수 없지요. 분수는 나누어진 조각의 크기가 모두 같다는 것을 의미해요.

중 몇 개인지를 의미합니다. 그렇기 때문에 분수를 나타낼 때에는 수가 2개 필요해요.

개념 플러스

단위분수와 대분수

단위분수

사과 1개를 2명이 똑같이 나누어 먹는다면 한 사람이 먹는 양 $= \frac{1}{2}$

▲는 전체 ▲를 똑같이 3으로 나눈 것 중의 하나 $= \frac{1}{3}$

■는 전체 ■를 똑같이 4로 나눈 것 중의 하나 $= \frac{1}{4}$

$\frac{1}{2}$, $\frac{1}{3}$, $\frac{1}{4}$ 처럼 분자가 1인 분수를 단위분수라고 해요.

대분수

한 판이 네 조각으로 나뉘어져 있는 케이크 두 판 중 총 다섯 조각을 먹었어요. 먹은 양을 어떻게 분수로 나타내야 할까요?

우선 먹은 다섯 조각 중 네 조각은 케이크 한 판의 양과 같아요. 그리고 나머지 한 조각은 케이크 한 판의 $\frac{1}{4}$이죠. 이 둘을 합해서 분수로 $1\frac{1}{4}$이라고 표현해요. 이렇게 자연수와 함께 있는 분수를 대분수라고 한답니다.

• 다음 그림을 보고 ☐ 안에 알맞은 수를 써 넣어 보세요.

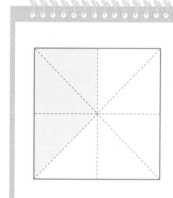

(1) 색칠한 부분은 전체를 똑같이 ☐로 나눈 것 중의 ☐입니다.

(2) 분수로는 $\dfrac{\square}{\square}$처럼 나타냅니다.

 0보다 크고 1보다 작은 수는 분수로 표현!

나눗셈의 값을 분수로 어떻게 나타내요?

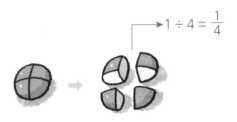 **개념 익히기** ···

나눗셈을 분수로 나타내요

$$1 \div 4 = \frac{1}{4}$$

가족 4명이 콩 한 쪽을 4등분하여 나누어 먹었어요. 그중, 한 사람이 먹은

양은 나눗셈으로 '1÷4'라고 나타낼 수 있어요.

분수로 생각해 보면 어떨까요? 전체를 4로 나눈 것 중의 하나이니까 $\frac{1}{4}$이에요. 즉, 1÷4의 값은 $\frac{1}{4}$이라고 표현할 수 있어요.

분수
단위량(전체)을 똑같이 나눈 것 중의 몇 개가 모여 이루어졌는지를 나타내는 수예요.

콩 1개를 5명이 똑같이 나눠 먹었다면 한 사람이 먹은 양은 '1÷5'예요. 전체 1을 5로 나눈 것 중의 하나이니 '$\frac{1}{5}$'이지요. 콩 2개를 5명이 똑같이 나눠 먹은 경우에는 한 사람이 먹은 양을 '2÷5'로 구할 수 있고 분수로는 '$\frac{2}{5}$'예요.

$$1 \div 5 = \frac{1}{5} \quad 2 \div 5 = \frac{2}{5} \quad \Rightarrow \quad \frac{나눠지는 수}{나누는 수}$$

개념 플러스

1과 같은 값을 가진 분수

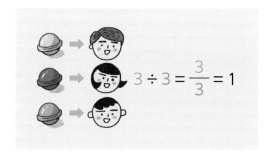

$$2 \div 2 = \frac{2}{2} = 1 \qquad 3 \div 3 = \frac{3}{3} = 1$$

사탕 2개를 2명이 나눠 먹었더니 1개씩 먹게 되었고, 사탕 3개를 3명이 나눠 먹었더니 1개씩 먹게 되었어요.

$$\frac{1}{6} \qquad\qquad \frac{6}{6}$$

0 ————————————— 1

수직선에서도 살펴볼까요? 1을 6으로 똑같이 나누면 한 칸의 크기는 $\frac{1}{6}$ 이에요. $\frac{1}{6}$ 이 6개 모이면 $\frac{6}{6}$ 이 되고, 이것은 1과 크기가 같음을 알 수 있어요. 이렇게 $\frac{2}{2}$, $\frac{3}{3}$, $\frac{4}{4}$, $\frac{5}{5}$, $\frac{6}{6}$ … 등 분모와 분자가 같은 분수들은 1과 크기가 같답니다.

개념 다지기

- 케이크 2개를 7명이 똑같이 나누어 먹었어요. 한 사람이 먹은 양은 얼마나 되는지 구하는 식을 세우고 답을 써 보세요.

•• 마을 담장에 페인트를 칠하려고 모였어요. 5L의 페인트를 11명이 똑같이 나누어 칠한다고 하면 한 사람이 칠하는 페인트의 양은 얼마나 되는지 식을 세우고 답을 써 보세요.

 핵심 콕콕 나눗셈의 값은 분수로 표현할 수 있다!

단위분수가 뭐예요?

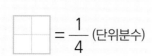 개념 익히기 ....

단위분수를 알아보아요

$$= \frac{1}{4} \text{ (단위분수)}$$

분수의 단위

전체(하나)를 몇 개로 나누느냐에 따라 결정되어요. 즉, 분모에 의해 분수의 단위가 결정된답니다.

$\frac{1}{2}$, $\frac{1}{3}$, $\frac{1}{4}$, $\frac{1}{5}$ … 등과 같이 분자가 1인 분수를 '단위분수'라고 해요. 단위분수가 하나씩 더해지면서 분수의 크기가 커진답니다.

$$\square + \square = \square \quad \frac{2}{4}$$

$$\square + \square + \square = \square \quad \frac{3}{4}$$

$$\square + \square + \square + \square = \square \quad \frac{4}{4}$$

$$\square + \square + \square + \square + \square = \square\square \quad \frac{5}{4}$$

리본을 만들 때 사용한 리본끈 $\frac{3}{4}$ 만큼은 $\frac{1}{4}$ 만큼의 리본 3개를 만들 수 있는 길이예요. 즉, $\frac{1}{4}$ 단위분수가 3개 모인 수이지요. $\frac{3}{4}$ 은 $\frac{1}{4}$ 의 3배라고도 말할 수 있어요.

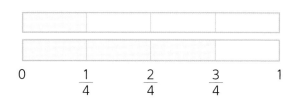

| 0 | $\frac{1}{4}$ | $\frac{2}{4}$ | $\frac{3}{4}$ | 1 |

개념 플러스

분모가 같은 분수의 크기 비교

$$\frac{1}{8} + \frac{1}{8} + \frac{1}{8} + \frac{1}{8} + \frac{1}{8} = \frac{5}{8} \quad > \quad \frac{1}{8} + \frac{1}{8} + \frac{1}{8} = \frac{3}{8}$$

$\dfrac{5}{8}$는 $\dfrac{1}{8}$ 단위분수가 5개 모인 수이고, $\dfrac{3}{8}$은 $\dfrac{1}{8}$ 단위분수가 3개 모인 수예요. $\dfrac{1}{8}$이 5개 모인 것이 $\dfrac{1}{8}$이 3개 모인 것보다 크기가 더 크지요? 이렇게 분모가 같은 분수끼리 비교할 때에는 분자의 크기만 비교하면 크기가 큰 분수와 크기가 작은 분수를 쉽게 알 수 있답니다. 즉, 분모가 같은 분수라면 분자가 큰 분수가 더 큰 수이지요.

개념 다지기

• 다음 분수의 크기를 비교하여 부등호를 표시하세요.

(1) $\dfrac{7}{15}$ ◯ $\dfrac{8}{15}$　　(2) $\dfrac{3}{9}$ ◯ $\dfrac{7}{9}$　　(3) $\dfrac{4}{5}$ ◯ $\dfrac{2}{5}$

•• ☐ 안에 알맞은 숫자를 넣으세요.

(1) $\dfrac{5}{8}$는 $\dfrac{1}{8}$이 ☐개입니다.

(2) $\dfrac{1}{17}$이 12개면 $\dfrac{☐}{☐}$입니다.

핵심 콕콕　　분수는 단위분수가 하나씩 더해지면서 크기가 커진다!

단위분수의 크기는 어떻게 비교해요?

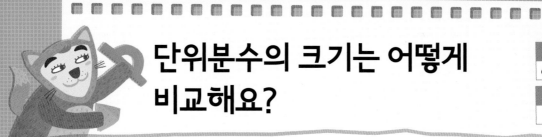

개념 익히기

단위분수끼리 비교해 보아요

전체	전체를 똑같이 2로 나눈 것 중의 1	전체를 똑같이 4로 나눈 것 중의 1	전체를 똑같이 8로 나눈 것 중의 1
1	$\dfrac{1}{2}$	$\dfrac{1}{4}$	$\dfrac{1}{8}$

피자의 크기를 살펴보니 $\frac{1}{2}$ > $\frac{1}{4}$ > $\frac{1}{8}$ 이에요. 즉, 분자가 1인 단위분수는 분모가 작을수록 분수의 크기가 크다는 것을 알 수 있어요.

또 다른 단위분수의 비교

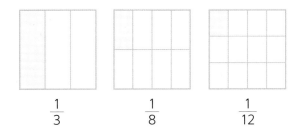

$\frac{1}{3}$, $\frac{1}{8}$, $\frac{1}{12}$ 을 그림으로 나타내서 크기를 비교해 보았어요. 그림에서 보듯 가장 큰 수는 $\frac{1}{3}$ 이고, 그 다음은 $\frac{1}{8}$, 가장 작은 수는 $\frac{1}{12}$ 임을 알 수 있어요. 앞에서와 마찬가지로 분자가 1인 단위분수는 분모가 작을수록 분수의 크기가 커진답니다.

개념 플러스

분수의 단위를 같게 하면 크기를 비교할 수 있어요

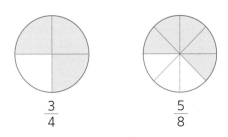

분모가 다른 두 분수예요. 전체를 4로 나눈 것 중 3개인 $\frac{3}{4}$ 은 그림으로 표현하면 $\frac{1}{8}$ 단위분수 6개와 크기가 같아요. $\frac{6}{8}$ 은 $\frac{1}{8}$ 단위분수가 6개인 수이지요. 이렇게 단위분수를 같게 하면 분수의 크기를 비교할 수 있어요.

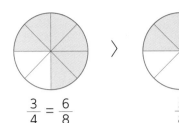

$$\frac{3}{4} = \frac{6}{8} \qquad \frac{5}{8}$$

$\frac{2}{3}$ 와 $\frac{5}{6}$ 도 비교해 볼까요?

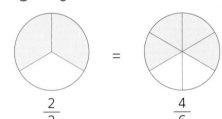

$\frac{2}{3}$ 는 $\frac{1}{3}$ 이 2개인 수이지만 $\frac{1}{6}$ 이 4개인 수이기도 해요.

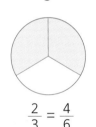 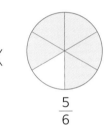

$$\frac{2}{3} = \frac{4}{6} \qquad \frac{5}{6}$$

따라서 $\frac{2}{3}$ 는 $\frac{5}{6}$ 보다 작은 수이지요.

• 다음 분수의 크기를 비교하여 부등호를 표시하세요.

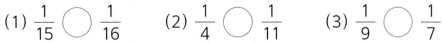

(1) $\frac{1}{15}$ ◯ $\frac{1}{16}$ (2) $\frac{1}{4}$ ◯ $\frac{1}{11}$ (3) $\frac{1}{9}$ ◯ $\frac{1}{7}$

핵심
콕콕
분자가 1인 단위분수는 분모가 작을수록 분수의 크기가 크다!

분수를 수직선에 나타내려면
어떻게 해야 할까요?

개념 익히기

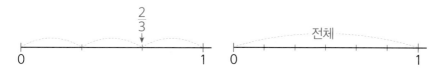

$\dfrac{2}{3}$ 를 여섯 칸으로 나뉜 수직선에 나타내 보아요

$\dfrac{2}{3}$ 는 전체를 3으로 나눈 것 중의 2를 나타내요. 그런데 만화에 나온 수직선은 전체 1이 3등분되어 있지 않고 6등분되어 있어요. 전체가 3등분되어 있다면 $\dfrac{2}{3}$ 는 왼쪽 수직선처럼 나타내면 될 텐데요.

많은 친구들이 수직선의 1을 몇 칸으로
나누었는지 보고 분모를 결정해요.
수직선이 몇 칸으로 나뉘어져 있다
해도 다른 방법으로 전체를 등분할 수
있다면 또 다른 분모를 만들 수 있답니다.

6등분된 수직선에 $\frac{5}{6}$ 를 표시하라고 했으면 여러분은 모두 답을 잘 찾았을 거예요. 전체를 똑같이 나눈 칸 수와 분모가 똑같으니까요. 전체가 6으로 똑같이 나뉘어져 있는 수직선의 한 칸은 $\frac{1}{6}$ 이니 다섯 칸만큼은 $\frac{5}{6}$ 인 것이지요.

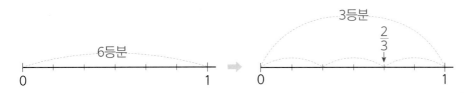

하지만 이 수직선은 전체가 3등분되어 있지 않으니 여러분이 직접 3등분을 해야 합니다. 전체 여섯 칸을 두 칸씩 묶어 3등분한 후에 단위분수 $\frac{1}{3}$ 이 2개 만큼 있는 곳에 $\frac{2}{3}$ 를 나타내 주면 되어요.

개념 플러스

1보다 큰 분수, 가분수

$\frac{7}{5}$ 은 $\frac{1}{5}$ 단위분수가 7개 모인 수예요. 그런데 수직선에서 $\frac{7}{5}$ 을 나타내 봤더니 이상한 점이 있었어요. 분수는 0보다 크고 1보다는 작은 크기의 수를 표현한다고 했는데, $\frac{7}{5}$ 은 1을 넘어가서 1보다 큰 수를 나타내고 있었거든요.

이렇게 1보다 큰 양을 나타내는 분수를 '가분수'라고 한답니다. 가분수는 '가짜 분수'라는 뜻이에요. 왜 가짜냐고요? 분수는 원래 0과 1 사이의 수를 표현하기 위해 만들어진 것인데, 가분수는 1보다 큰 수를 나타내면서 분수인 척하는 가짜이기 때문이에요. 1보다 항상 큰 수를 나타내므로 가분수는 항상 분모보다 큰 분자를 가지고 있어요. $\frac{7}{5}$, $\frac{13}{9}$, $\frac{13}{12}$ 등이지요. $\frac{2}{3}$, $\frac{3}{5}$, $\frac{4}{9}$ 등 분모보다 분자가 작은 분수는 '진짜 분수'라는 뜻에서 '진분수'라고 한답니다.

• 다음 분수를 수직선에 나타내 보세요.

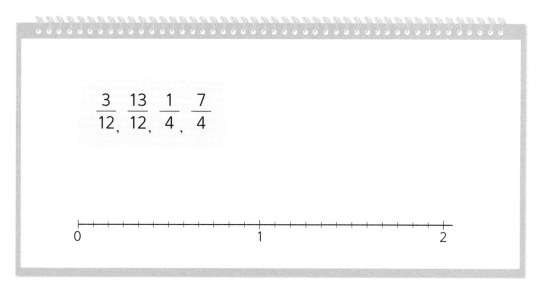

$$\frac{3}{12}, \frac{13}{12}, \frac{1}{4}, \frac{7}{4}$$

 분수를 수직선에 나타낼 때는, 전체 1을 분모만큼으로 나누어 준다!

같은 크기를 가진 분수?

  개념 익히기

파이 한 판과 남은 파이의 양 비교

사과 파이 한 판 = 전체   남은 사과 파이

사과 파이 한 판은 전체(1)를 나타내요. 남은 파이는 전체를 6등분한 것 중

69

4개로 $\frac{4}{6}$를 나타내지요. 그럼 $\frac{2}{3}$를 그림으로 나타내 $\frac{4}{6}$와 비교하면 어떻게 될까요?

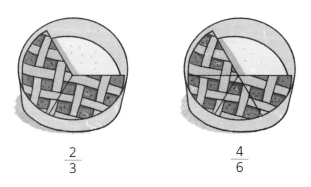

$$\frac{2}{3} \qquad\qquad \frac{4}{6}$$

그림을 보니 $\frac{2}{3}$와 $\frac{4}{6}$의 크기가 같다는 것을 알 수 있어요. 남은 파이의 양을 $\frac{4}{6}$라고 하는 것도 맞고, $\frac{2}{3}$라고 하는 것도 맞는 것이죠. 전체를 몇 등분하여 나타내었는지에 따라, 같은 양도 다른 분수로 표현할 수 있어요.

개념 플러스

다른 분수로 나타내 보아요

$$\frac{6}{8} \text{과} \frac{3}{4}$$

$$\frac{6}{8}$$을 다른 분수로 나타내려면 전체를 8이 아닌 다른 수로 똑같이 나눌 수 있는지 생각해 보아야 해요. 수직선을 살펴보니 2개씩 묶으면 전체를 4로 똑같이 나눌 수 있어요. 전체를 4등분한 것 중 3개인 $\frac{3}{4}$은 $\frac{6}{8}$과 같은 크기라는 것을 알 수 있답니다.

$$\frac{3}{12} \text{과} \frac{1}{4}$$

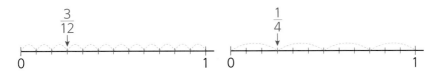

수직선 상에 1이 몇 등분되어 있는지 살펴보니 12등분이에요. 12등분한 것 중의 한 칸은 $\frac{1}{12}$을 나타내지요. 분모가 4인 분수를 나타내려면 12개로 나눠져 있는 전체 1을 4등분해야 해요. 전체를 4등분한 것 중 하나인 $\frac{1}{4}$은 $\frac{3}{12}$과 크기가 같아요.

개념 다지기

• 다음 수직선에 $\frac{1}{2}$, $\frac{3}{6}$, $\frac{4}{8}$, $\frac{6}{12}$, $\frac{3}{24}$ 을 나타내 보고, 크기가 다른 분수 하나를 찾아보세요.

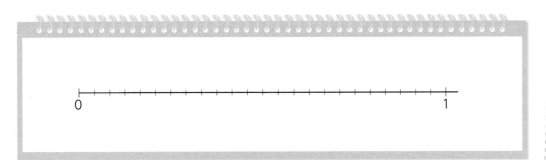

전체를 몇으로 나누느냐에 따라 같은 크기라도 다른 분수로 표현할 수 있다!

자연수의 분수만큼은 어떻게 구할까요?

3학년 1학기
6. 분수와 소수

3학년 2학기
4. 분수

할 일이 18개 있는데 그중에 $\frac{1}{3}$ 만큼 하면 잔치에 데리고 가마.

다 하면 말하거라.

$\frac{1}{3}$ 이 몇 개지?

콩쥐야, 무슨 일 있어?

18의 $\frac{1}{3}$ 만큼 일해야 잔치에 갈 수 있는데 아직 6개밖에 못했어.

잔치에 가도 돼!

정말?

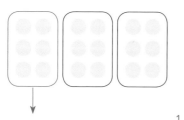

개념 익히기

18의 $\frac{1}{3}$ 은 몇일까요?

18을 3등분한 것 중 하나 = 18의 $\frac{1}{3}$ = 6

18의 $\frac{1}{3}$ 이란 '18을 3으로 똑같이 나눈 것 중의 1'이라는 뜻이에요. 18을 3등분한 것 중 하나는 '6'이에요.

72

16의 $\frac{2}{4}$는 몇일까요?

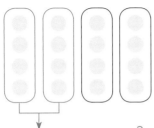

16을 4등분한 것 중 둘 = 16의 $\frac{2}{4}$ = 8

16의 $\frac{2}{4}$란 '16을 4로 똑같이 나눈 것 중의 2'라는 뜻이에요. 16을 4등분한 것 중 둘은 '8'이에요.

36의 $\frac{11}{12}$은 몇일까요?

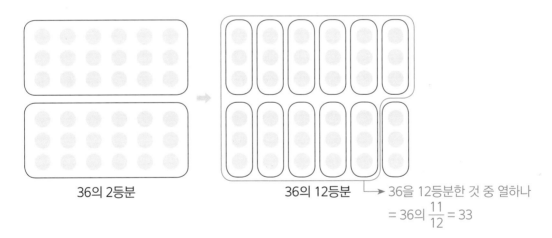

36의 2등분   36의 12등분 → 36을 12등분한 것 중 열하나
= 36의 $\frac{11}{12}$ = 33

36의 $\frac{11}{12}$이란 '36을 12로 똑같이 나눈 것 중의 11'이라는 뜻이에요. 36을 12로 똑같이 나누는 것이 어렵다면 먼저 2등분해 보세요. 2등분한 것을 각각 다시 6등분하면 전체를 12등분한 것이 되어요. 전체를 12등분한 것 중의 하나는 3( )이에요. $\frac{11}{12}$은 3( )이 11개 있는 것이니 33이에요.

73

개념 플러스

그림 없이 자연수의 분수만큼을 구해 보아요

18의 $\dfrac{1}{3}$ 구하기

$18의\ \dfrac{1}{3} = 6$

① 18÷3=6 ② 6×1=6

① 18을 분모인 3으로 3등분해요.

② 18을 3으로 나눠서 나온 수를 분자와 곱해요.

16의 $\dfrac{2}{4}$ 구하기

$16의\ \dfrac{2}{4} = 8$

① 16÷4=4 ② 4×2=8

① 16을 분모인 4로 4등분해요.

② 16을 4로 나눠서 나온 수를 분자와 곱해요.

개념 다지기

• 구슬 24개 중에서 $\dfrac{3}{4}$ 을 동생에게 선물로 주었어요. 남아 있는 구슬은

몇 개일까요?

핵심 콕콕 18의 $\dfrac{1}{3}$ 이란 18을 3으로 똑같이 나눈 것 중의 1!

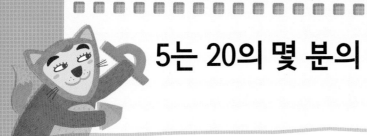

5는 20의 몇 분의 몇일까요?

3학년 1학기
6. 분수와 소수

3학년 2학기
4. 분수

개념 익히기

몇 분의 몇만큼인지 알고 싶어요

　귤 20개 중에서 5개를 먹었다고 할 때, 먹은 양을 분수로 나타내려면 어떻게 해야 할까요? 5개가 20개 중의 얼마큼인지 분수로 나타내기 위해서는 먼저 귤을 5개씩 묶어서 몇 덩어리가 되는지 알아보아야 해요.

5는 20의 몇 분의 몇일까요?

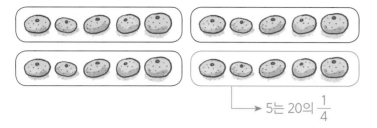

→ 5는 20의 $\frac{1}{4}$

귤 20개를 5개씩 묶어 보면 내가 먹은 5개의 귤은 전체를 4등분한 것 중의
1인 $\frac{1}{4}$이라는 것을 알 수 있어요. 5는 20의 $\frac{1}{4}$인 것이죠.

개념 플러스

나누어떨어지게 묶을 수 없다면 어떻게 하나요?

12는 32의 몇 분의 몇인지 분수로 나타내고 싶은데, 32는 12로 나누어떨어
지게 묶을 수 없어요. 이럴 때는 12와 32를 나누어떨어지게 묶을 수 있는 공
통된 수를 찾아야 해요.

32를 나누어떨어지게 묶기

32를 2씩 묶기	32를 4씩 묶기	32를 8씩 묶기	32를 16씩 묶기

12를 나누어떨어지게 묶기

12를 2씩 묶기	12를 3씩 묶기	12를 4씩 묶기	12를 6씩 묶기

32와 12를 공통적으로 묶을 수 있는 수는 2와 4라는 것을 알 수 있어요.

→ 32의 16등분 중 여섯 = 32의 $\frac{6}{16}$ = 12

32와 12를 2씩 묶어 보면, 12는 전체를 16등분한 것 중 6, 즉 $\frac{6}{16}$이에요.

→ 32의 8등분 중 셋 = 32의 $\frac{3}{8}$ = 12

32와 12를 4씩 묶어 보면, 12는 전체를 8등분한 것 중의 3, 즉 $\frac{3}{8}$이에요.

12는 32의 $\frac{6}{16}$이 될 수도 있고, $\frac{3}{8}$이 될 수도 있어요.

개념 다지기

• 땅콩 56개 중에서 32개를 먹었어요. 먹은 땅콩의 양은 56의 얼마인지 분수로 나타내 보세요.

핵심 콕콕 기준이 되는 개수만큼씩 묶어 보면 전체의 얼마인지 분수로 나타낼 수 있다!

대분수를 가분수로?

3학년 1학기
6. 분수와 소수

3학년 2학기
4. 분수

 **개념 익히기**

대분수를 가분수로 바꾸어 보아요

달걀을 6개씩 담았더니 달걀 두 판을 담고 5개가 남았어요. 왼쪽 그림은 달걀 한 판을 6으로 똑같이 나눈 것 중의 5예요. 분수로 나타내면 $\frac{5}{6}$ 지요. 전체 달걀의 양은 $2+\frac{5}{6}$ 라고 나타낼 수 있어요. $2+\frac{5}{6}$ 는 '$2\frac{5}{6}$'라 쓰고 '2와 6분의 5'라고 읽어요.

$2\dfrac{5}{6}$ 처럼 자연수와 함께 있는 분수인 대분수는 가분수로 바꾸어 표현할 수 있어요. 달걀 6개 묶음 하나가 전체 1이기 때문에 달걀 하나는 분수로 표현하면 $\dfrac{1}{6}$ 이에요. 달걀 17개는 $\dfrac{1}{6}$ 단위가 17개 있는 것이므로 $\dfrac{17}{6}$ 이지요. 그래서 대분수 $2\dfrac{5}{6}$ 는 가분수로 $\dfrac{17}{6}$ 이라고 나타낼 수 있어요.

$4\dfrac{2}{3}$ 도 가분수로 바꿔 보아요

그림을 그려 살펴보니 $4\dfrac{2}{3}$ 안에는 $\dfrac{1}{3}$ 단위분수가 14개 있다는 것을 알 수 있어요. $4\dfrac{2}{3}$ 는 가분수로 나타내면 $\dfrac{14}{3}$ 예요.

개념 플러스

그림 없이 대분수를 가분수로 나타내기

$$4\dfrac{2}{3} = \dfrac{(3\times4)+2}{3} = \dfrac{14}{3}$$

② 12+2
① 3×4=12

대분수를 가분수로 바꿀 때 매번 그림을 그려서 생각해야 하는 것은 아니에요. 계산식을 세워서도 구할 수 있답니다.

먼저 대분수의 분모와 자연수를 곱해 주고, 곱하여 나온 값에 분자를 더해 줍니다. 그리고 그 값을 분자 자리에 써요. 대분수를 가분수로 바꿀 때 분모는 변하지 않아요. 변화시켜야 할 것은 분자이지요.

$2\dfrac{3}{4}$ 을 가분수로 바꾸기

$$2\frac{3}{4} = \frac{(4\times 2)+3}{4} = \frac{11}{4}$$

앞과 마찬가지로 분모와 자연수를 곱해 주고, 곱하여 나온 값에 분자를 더해 주어요. 다른 분수가 나와도 똑같이 계산하면 돼요.

개념 다지기

• 다음 대분수를 가분수로 나타내 보세요.

(1) $4\dfrac{2}{7} = \boxed{}$ (2) $1\dfrac{4}{11} = \boxed{}$ (3) $5\dfrac{3}{8} = \boxed{}$ (4) $7\dfrac{1}{2} = \boxed{}$

 핵심 콕콕 대분수를 가분수로 바꿀 때 분모는 그대로 두자!

가분수를 대분수로?

3학년 1학기
6. 분수와 소수

3학년 2학기
4. 분수

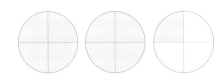

개념 익히기

가분수를 대분수로 바꾸어 보아요

대분수를 가분수로 바꾸었듯이 가분수를 대분수로 바꿀 수도 있답니다.

그림을 보고 $\frac{9}{4}$ 를 대분수로 바꾸기

네 칸으로 나누어져 있는 원의 한 칸은 $\frac{1}{4}$ 이에요. $\frac{1}{4}$ 9개는 가분수로 $\frac{9}{4}$ 이지요.

$\dfrac{1}{4}$이 4개 모인 $\dfrac{4}{4}$는 자연수 1과 같아요.

그래서 $\dfrac{9}{4}$는 대분수로 표현하면 $2\dfrac{1}{4}$이에요.

수직선을 보고 $\dfrac{5}{2}$를 대분수로 바꾸기

수직선에 $\dfrac{5}{2}$를 그리면 이와 같아요. $\dfrac{5}{2}$는 $\dfrac{1}{2}$짜리가 5개 있는 것이니 수직선에서 볼 때 자연수 2에서 $\dfrac{1}{2}$만큼이 더 있는 것이에요. 이것을 분수로 나타내면 $2\dfrac{1}{2}$이지요.

개념 플러스

그림 없이 가분수를 대분수로 나타내기

$\dfrac{7}{3}$을 대분수로 바꾸기

묶은 자연수로

$$3\,)\,\overline{\begin{array}{c}2\\ 7\\ 6\\ \hline 1\end{array}} \qquad 2\dfrac{1}{3} \qquad \dfrac{7}{3}=2\dfrac{1}{3}$$

나머지는 분자로

나누는 수는 그대로 분모로

가분수의 분자를 분모로 나누면 대분수로 나타낼 수 있어요. 7÷3의 몫은 대분수의 자연수가 되고, 나머지는 분자가 되어요. 분모는 그대로 써 주면 된답니다.

$\dfrac{28}{5}$을 대분수로 바꾸기

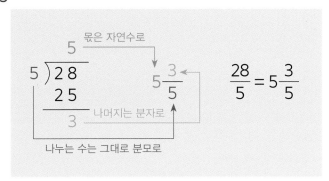

대분수를 가분수로 바꿀 때와 마찬가지로 가분수를 대분수로 바꾸어도 분모는 변하지 않아요.

• 다음을 색칠하고 가분수를 대분수로 나타내 보세요.

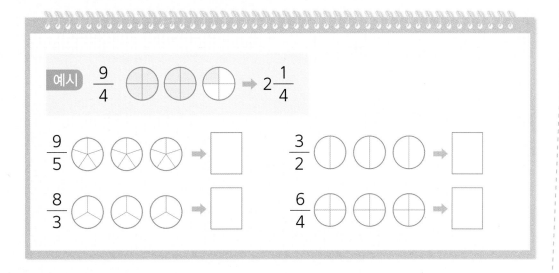

분자를 분모로 나누면 나눗셈의 몫은 대분수의 자연수, 나머지는 분자!

분수끼리 어떻게 더해요?

개념 익히기

분수의 덧셈은 어떻게 할까요?

그림으로 알아보기

   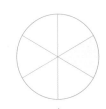   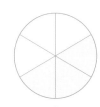

$$\frac{2}{6} \quad + \quad \frac{1}{6} \quad = \quad \frac{3}{6}$$

$\dfrac{2}{6}$와 $\dfrac{1}{6}$을 합치면 $\dfrac{3}{6}$이에요. 왜 분수끼리 더할 때는 분모를 더하지 않는 것일까요? $\dfrac{2}{6}$는 $\dfrac{1}{6}$ 단위분수가 2개이고 $\dfrac{1}{6}$은 $\dfrac{1}{6}$ 단위분수가 1개 있는 것이에요. 두 수를 합하면 $\dfrac{1}{6}$ 단위분수가 3개인 $\dfrac{3}{6}$이 되기 때문에 분모를 더하지 않아요.

수직선으로 알아보기

$$\dfrac{5}{8} + \dfrac{2}{8} = \dfrac{7}{8}$$

$\dfrac{5}{8}$와 $\dfrac{2}{8}$의 합은 수직선에서 $\dfrac{5}{8}$만큼 간 후에 $\dfrac{2}{8}$만큼을 더 간 $\dfrac{7}{8}$이에요. 이렇듯, 분수의 덧셈을 할 때는 분모는 그대로 두고 분자만 더해 주면 된답니다.

개념 플러스

더한 후 나온 값이 가분수라면?

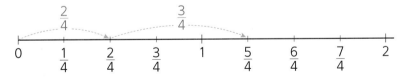

$$\dfrac{2}{4} + \dfrac{3}{4} = \dfrac{5}{4} = 1\dfrac{1}{4}$$

$\dfrac{2}{4}$와 $\dfrac{3}{4}$을 더할 때 분모는 그대로 두고 분자만 더해 주니 $\dfrac{5}{4}$가 되었어요. 가분수 $\dfrac{5}{4}$는 대분수 $1\dfrac{1}{4}$로 고쳐서 나타낼 수 있답니다.

세 분수도 더할 수 있어요

$$\frac{3}{7} + \frac{2}{7} + \frac{6}{7} = \frac{11}{7} = 1\frac{4}{7}$$

세 분수의 계산도 분모는 그대로 두고 분자만 더해 주면 돼요. 가분수 $\frac{11}{7}$ 을 대분수로 고치면 $1\frac{4}{7}$ 랍니다. 진분수만 덧셈을 할 수 있는 것은 아니에요. 세 가분수도 더해 볼까요?

$$\frac{4}{3} + \frac{7}{3} + \frac{5}{3} = \frac{16}{3} = 5\frac{1}{3}$$

이렇게 분모가 같은 모든 분수는 분자끼리 더하면 덧셈을 할 수 있답니다.

개념 다지기

• 다음을 계산해 보세요.

(1) $\frac{2}{6} + \frac{1}{6} = \boxed{}$ (2) $\frac{5}{8} + \frac{2}{8} = \boxed{}$ (3) $\frac{2}{4} + \frac{3}{4} = \boxed{}$

핵심 콕콕   분수의 덧셈에서는 분자끼리 더한다!

대분수끼리 어떻게 더해요?

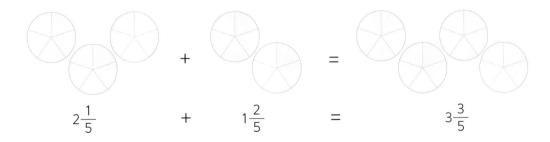

개념 익히기

대분수의 덧셈은 어떻게 할까요?

$$2\frac{1}{5} \quad + \quad 1\frac{2}{5} \quad = \quad 3\frac{3}{5}$$

대분수의 덧셈을 할 때는 자연수는 자연수끼리, 분수는 분수끼리 더해요.

자연수: 2 + 1 = 3   분수: $\dfrac{1}{5} + \dfrac{2}{5} = \dfrac{3}{5}$

$1\dfrac{2}{4} + 1\dfrac{3}{4}$의 계산

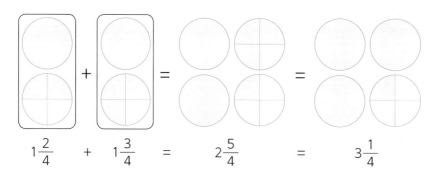

$$1\dfrac{2}{4} \quad + \quad 1\dfrac{3}{4} \quad = \quad 2\dfrac{5}{4} \quad = \quad 3\dfrac{1}{4}$$

자연수 1과 1을 더해 주니(◯+◯=◯◯) 2가 되었고, 분수 $\dfrac{2}{4}$와 $\dfrac{3}{4}$

을 더하니(◯+◯=◯◯) $\dfrac{5}{4}$가 되었어요. $\dfrac{5}{4}$는 대분수로 바꾸면 $1\dfrac{1}{4}$이

에요. 여기서 생긴 자연수 1은 자연수 부분에 더하고, 남은 분수를 써 줍니다.

개념 플러스

세로셈을 이용한 대분수의 덧셈

대분수의 덧셈을 세로셈으로 풀어 볼 수도 있어요. 더할 때에는 자연수는
자연수끼리, 분수는 분수끼리 더한다는 것을 꼭 기억하세요.

$$
\begin{array}{r}
4\dfrac{3}{8} \\
+\ 2\dfrac{2}{8} \\
\hline
\end{array}
\ \Rightarrow\
\begin{array}{r}
\text{자연수} \left[4\dfrac{3}{8} \right. \\
\text{계산} \\
+\ 2\dfrac{2}{8} \\
\hline
6
\end{array}
\ \Rightarrow\
\begin{array}{r}
4\dfrac{3}{8} \\
\text{분모는} \\
+\ 2\dfrac{2}{8} \\
\text{같게} \\
\hline
6\dfrac{\ }{8}
\end{array}
\ \Rightarrow\
\begin{array}{r}
4\dfrac{3}{8} \\
\text{분자끼리} \\
\text{덧셈} \\
+\ 2\dfrac{2}{8} \\
\hline
6\dfrac{5}{8}
\end{array}
$$

$$2\frac{5}{6}$$
$$+\ 3\frac{3}{6}$$
가분수는 대분수로
$$5\boxed{\frac{8}{6}} \rightarrow \frac{8}{6} = 1\frac{2}{6}$$
$$6\frac{2}{6}$$

$$6\frac{6}{8}$$
$$+\ 3\frac{5}{8}$$
가분수는 대분수로
$$9\boxed{\frac{11}{8}} \rightarrow \frac{11}{8} = 1\frac{3}{8}$$
$$10\frac{3}{8}$$

세로셈으로 풀 때에도 분모는 변하지 않는다는 것을 기억해요. 또한, 분수끼리 더하다가 가분수가 되면 대분수로 바꿔 준 후에 대분수끼리 더해야 해요.

개념 다지기

• 대분수끼리 더하고 답을 써 보세요.

(1) $1\dfrac{2}{6} + 1\dfrac{5}{6} = \boxed{}$

(2) $1\dfrac{5}{9} + 1\dfrac{7}{9} = \boxed{}$

핵심 콕콕

대분수의 덧셈에서 자연수는 자연수끼리, 분수는 분수끼리 더해 준다!

분수끼리 어떻게 빼요?

개념 익히기

분수의 뺄셈은 어떻게 할까요?

그림으로 알아보기

$$\frac{5}{8} - \frac{2}{8} = \frac{3}{8}$$

$\dfrac{5}{8}$ 는 $\dfrac{1}{8}$ 단위분수가 5개 있는 것이에요. $\dfrac{2}{8}$ 는 $\dfrac{1}{8}$ 단위분수가 2개 있는

것이지요. $\frac{1}{8}$ 5개에서 $\frac{1}{8}$ 2개를 빼면 $\frac{1}{8}$ 3개가 남아요. $\frac{1}{8}$ 단위분수 3개는 $\frac{3}{8}$ 이에요.

수직선으로 알아보기

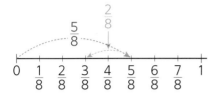

$\frac{5}{8} - \frac{2}{8} = \frac{3}{8}$

수직선 한 칸은 $\frac{1}{8}$ 이에요. $\frac{5}{8}$ 에서 $\frac{2}{8}$ 를 빼기 위해서는 $\frac{5}{8}$ 에서 왼쪽으로 두 칸 움직여야 해요. 분수의 덧셈과 마찬가지로 분수의 뺄셈에서도 분모는 그대로 둔 채 분자끼리 계산해 주면 된답니다.

개념 플러스

세로셈을 이용한 대분수의 뺄셈

대분수의 뺄셈은 대분수의 덧셈과 마찬가지로 자연수는 자연수끼리 분수는 분수끼리 계산합니다.

$$3\frac{3}{8}$$
$$-\ 2\frac{1}{8}$$

➡ 자연수 계산

$$3\frac{3}{8}$$
$$-\ 2\frac{1}{8}$$
$$1$$

➡

$$3\frac{3}{8}$$
$$-\ 2\frac{1}{8}$$
$$1\frac{1}{8}$$
분모는 같게

➡ 분자끼리 뺄셈

$$3\frac{3}{8}$$
$$-\ 2\frac{1}{8}$$
$$1\frac{2}{8}$$

그림으로 대분수의 뺄셈을 다시 한 번 볼까요?

$$3\frac{3}{8} \quad - \quad 2\frac{1}{8} \quad = \quad 1\frac{2}{8}$$

대분수에서 진분수를 뺄 때에는 어떻게 할까요?

$$2\frac{5}{6} \quad - \quad \frac{4}{6} \quad = \quad 2\frac{1}{6}$$

대분수는 자연수가 있지만 진분수에는 자연수가 없어요. 그래서 분수끼리 만 빼 주면 된답니다.

개념 다지기

• 수직선을 이용하여 $\dfrac{5}{6} - \dfrac{2}{6}$는 얼마인지 알아보세요.

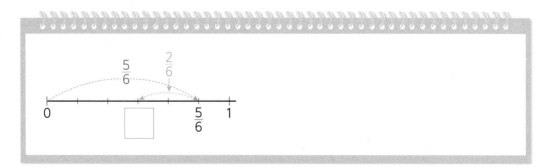

분수의 뺄셈에서는 분자끼리 빼 주기!

자연수에서 진분수나 대분수를 뺄 수 있어요?

분수를 뺄 때, 자연수는 자연수끼리 빼고 분수는 분수끼리 빼면 되는 거 알아?

알지, 너 그럼 $4-\frac{1}{4}$은 어떻게 하는지 알아?

자연수에서 분수를 어떻게 빼?

자연수를 분수로 만들어 주면 되지~

개념 익히기

자연수에서 분수를 빼는 방법

그림으로 알아보기

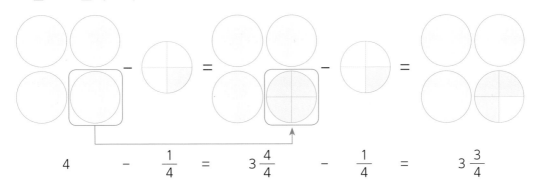

$$4 \quad - \quad \frac{1}{4} \quad = \quad 3\frac{4}{4} \quad - \quad \frac{1}{4} \quad = \quad 3\frac{3}{4}$$

93

자연수에서 분수를 뺄 때에는 자연수에서 1만큼을 분수로 바꾼 후 분수끼리 빼 주면 된답니다.

수직선으로 알아보기

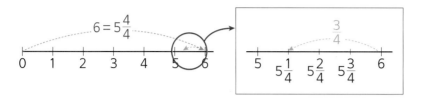

$$6 - \frac{3}{4} = 5\frac{4}{4} - \frac{3}{4} = 5\frac{1}{4}$$

자연수에서 1만큼을 분수로

$6 - \frac{3}{4}$도 마찬가지로, 자연수 6 중에서 1만큼을 분수 $\frac{4}{4}$로 바꾸어 값을 구한답니다.

자연수에서 대분수를 빼는 방법

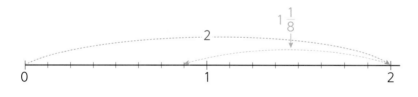

$$2 - 1\frac{1}{8} = 1\frac{8}{8} - 1\frac{1}{8} = \frac{7}{8}$$

자연수에서 1만큼을 분수로

1이 여덟 칸으로 나눠져 있는 수직선의 한 칸은 $\frac{1}{8}$이고, 여덟 칸인 $\frac{8}{8}$은 1과 같아요. 자연수 2에서 1만큼을 분수로 만들면 $1\frac{8}{8}$이 되지요. $1\frac{8}{8}$에서 $1\frac{1}{8}$을 뺄 때는 앞에서 배웠던 분수의 뺄셈처럼 자연수는 자연수끼리, 분수는 분수끼리 빼면 쉽게 답을 구할 수 있답니다.

자연수와 대분수를 가분수로 만들어 뺄셈하기

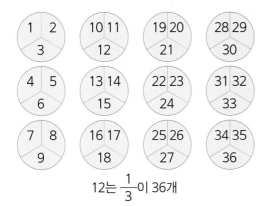

12는 $\frac{1}{3}$이 36개

$$12 - 1\frac{1}{3} = 12 - \frac{4}{3}$$
$$= \frac{36}{3} - \frac{4}{3}$$
$$= \frac{32}{3}$$
$$= 10\frac{2}{3}$$

대분수를 가분수로

자연수를 가분수로

자연수와 대분수를 둘 다 가분수로 만들면 분수의 뺄셈과 같은 방법으로 계산할 수 있어요.

개념 다지기

• 그림을 보고 $2 - \frac{1}{5}$ 은 얼마인지 알아보세요.

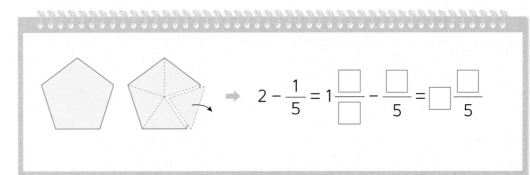

$$2 - \frac{1}{5} = 1\frac{\square}{\square} - \frac{\square}{5} = \square\frac{\square}{5}$$

 핵심 콕콕 자연수에서 분수를 뺄 때는 자연수에서 1만큼을 분수로 바꾼 후 분수는 분수끼리 빼 준다!

분모가 10, 100, 1000 등으로 표현되는 분수를 소수로 나타내기

소수 첫째 자리의 숫자부터 차례로 비교

소수점을 중심으로 자릿수를 맞추어 덧셈

소수점을 중심으로 자릿수를 맞추어 뺄셈

소수가 뭐예요?

 **개념 익히기** ....

소수가 뭘까요?

'0.2' 같은 숫자를 소수라고 해요. 소수는 분모가 10, 100, 1000… 등인 분수를 다른 방식으로 나타내는 수예요. 0.2 가운데에 있는 점처럼 소수에 있는 점은 소수점이라고 부른답니다. 또한, 소수는 1보다 작은 수가 아니라, 일의 자리보다 작은 자릿값을 가지는 수예요.

분수를 소수로 나타내 읽어 보아요

전체를 똑같이 10으로 나눈 것 중의 1은 $\frac{1}{10}$이에요. 분수 $\frac{1}{10}$은 '0.1'이라고 쓰고 '영점 일'이라고 읽어요. 마찬가지로 $\frac{2}{10}$는 '0.2', $\frac{3}{10}$은 '0.3', $\frac{4}{10}$는 '0.4'로 나타내고, 각각 '영점 이', '영점 삼', '영점 사'라고 읽는답니다. 또한, $\frac{1}{100}$은 '0.01'이라고 쓰고 '영점 영일'이라고 읽어요. $\frac{1}{1000}$은 '0.001'로 나타낼 수 있고 '영점 영영일'이라고 읽는답니다.

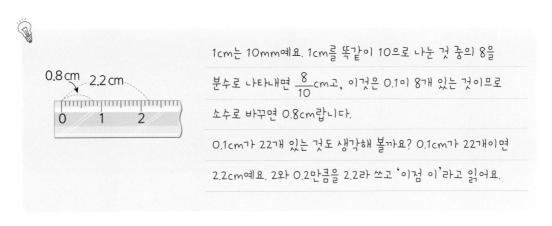

1cm는 10mm예요. 1cm를 똑같이 10으로 나눈 것 중의 8을 분수로 나타내면 $\frac{8}{10}$cm고, 이것은 0.1이 8개 있는 것이므로 소수로 바꾸면 0.8cm랍니다.

0.1cm가 22개 있는 것도 생각해 볼까요? 0.1cm가 22개이면 2.2cm예요. 2와 0.2만큼을 2.2라 쓰고 '이점 이'라고 읽어요.

2.2와 2.3 사이에 소수가 또 있다?

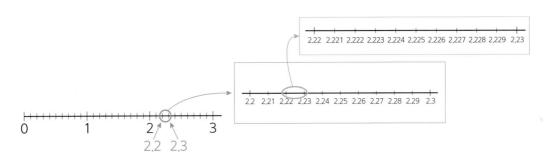

2.2와 2.3 사이는 다시 열 칸으로 똑같이 나눠 볼 수 있어요. 각각의 이름은 2.21, 2.22, 2.23, 2.24, 2.25, 2.26, 2.27, 2.28, 2.29랍니다. 2.22와 2.23 사이도 다시 열 칸으로 똑같이 나눌 수 있어요. 이처럼 소수는 무한히 만들 수 있답니다.

소수의 자릿값을 읽어 보아요

일의 자리	소수점	영점 일의 자리 ($\frac{1}{10}$의 자리)	영점 영일의 자리 ($\frac{1}{100}$의 자리)	영점 영영일의 자리 ($\frac{1}{1000}$의 자리)
2				
0	.	3		
0		0	7	
0		0	0	5

2와 0.375를 2.375라 쓰고 '이점 삼칠오'라고 읽어요. 2.375의 각 자리가 나타내는 값을 하나하나 알아보면 다음과 같아요. 2는 일의 자리 숫자로 '2'를 나타내요. 영점 일의 자리에 있는 3은 0.3을, 영점 영일 자리의 7은 0.07을, 영점 영영일 자리의 5는 0.005를 나타내요.

개념 다지기

• 다음 분수를 소수로 바꿔 보세요.

(1) $\frac{7}{10} = \boxed{}$ (2) $\frac{7}{100} = \boxed{}$ (3) $\frac{77}{100} = \boxed{}$

 소수는 분모가 10, 100, 1000… 등인 분수를 다른 방식으로 나타내는 수!

0.1, 0.01, 0.001이 얼마큼이에요?

개념 익히기

0.1, 0.01, 0.001을 비교해 보아요

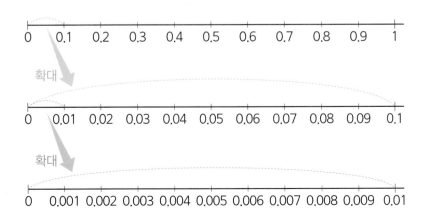

1을 똑같이 10으로 나누면 그중 하나의 크기는 $\frac{1}{10}$, 즉 0.1이 되어요. 0.1을 다시 10개로 똑같이 나누면 그중 하나의 크기는 0.01이 되고, 0.01을 또 10개로 나누면 그중 하나의 크기는 0.001이 되어요.

커다란 정육면체로 다시 생각해 보아요

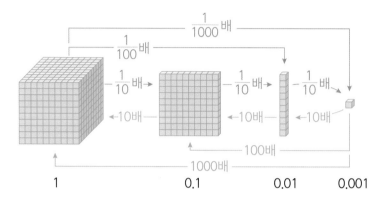

커다란 정육면체(전체 1)를 10명이 나눠 가진다고 하면 한 사람이 갖는 양은 $\frac{1}{10}$(0.1)이에요. 같은 양을 100명이 나눠 가지면 한 사람이 $\frac{1}{100}$(0.01)씩 가질 수 있어요. 1000명이 나눠 가진다면 한 사람은 $\frac{1}{1000}$(0.001)씩 가지게 되지요. 전체 1은 1000칸으로 이루어진 정육면체이기 때문에 전체의 $\frac{1}{10}$(0.1)만큼은 100칸, $\frac{1}{100}$(0.01)만큼은 10칸, $\frac{1}{1000}$(0.001)만큼은 1칸이에요.

개념 플러스

소수점의 이동

> 쌀 한 봉지의 무게 = 3kg

3kg짜리 쌀 한 봉지가 10개씩 묶여 있을 때, 100개씩 묶여 있을 때, 1000

개씩 묶여 있을 때의 무게는 어떻게 변할까요? 또 3kg짜리 쌀 한 봉지의 $\frac{1}{10}$, $\frac{1}{100}$, $\frac{1}{1000}$의 무게는 얼마일까요?

쌀 10봉지	쌀 100봉지	쌀 1000봉지
한 봉지의 10배	한 봉지의 100배	한 봉지의 1000배
30kg	300kg	3000kg

쌀 한 봉지의 $\frac{1}{10}$	쌀 한 봉지의 $\frac{1}{100}$	쌀 한 봉지의 $\frac{1}{1000}$
한 봉지의 $\frac{1}{10}$배	한 봉지의 $\frac{1}{100}$배	한 봉지의 $\frac{1}{1000}$배
0.3kg	0.03kg	0.003kg

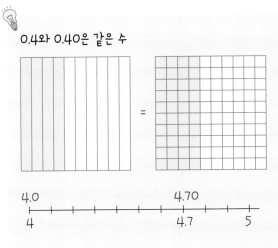

숫자를 10배, 100배, 1000배… 할 때 소수점은 오른쪽으로 한 칸씩 이동하고, $\frac{1}{10}$배, $\frac{1}{100}$배, $\frac{1}{1000}$배… 할 때는 소수점이 왼쪽으로 한 칸씩 이동하는 것을 알 수 있어요.

0.4와 0.40은 같은 수

0.4(전체를 10으로 나눈 것 중의 4)만큼 색칠한 것과, 0.40(전체를 100으로 나눈 것 중의 40)만큼 색칠한 것의 크기는 같아요. 0.4와 0.40은 같다는 것을 알 수 있어요. 4와 4.0이 같은 수이듯, 4.7과 4.70도 같은 수예요. 소수는 필요한 경우, 오른쪽 끝자리에 0을 붙여 나타낼 수 있답니다.

4.0

4.70

4   4.7   5

• 다음 빈칸에 알맞은 값을 써 넣으세요.

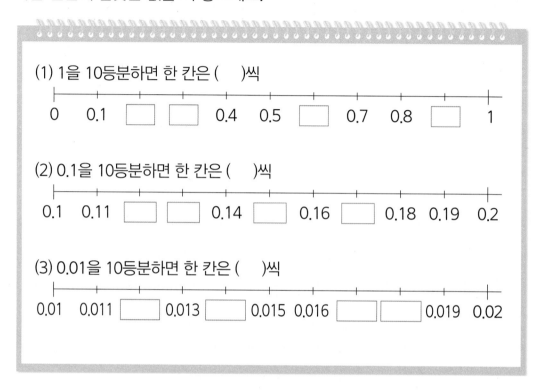

(1) 1을 10등분하면 한 칸은 (   )씩

0   0.1   ☐   ☐   0.4   0.5   ☐   0.7   0.8   ☐   1

(2) 0.1을 10등분하면 한 칸은 (   )씩

0.1   0.11   ☐   ☐   0.14   ☐   0.16   ☐   0.18   0.19   0.2

(3) 0.01을 10등분하면 한 칸은 (   )씩

0.01   0.011   ☐   0.013   ☐   0.015   0.016   ☐   ☐   0.019   0.02

•• 2.722를 기준으로 알맞은 값을 써 넣으세요.

$\frac{1}{1000}$배	$\frac{1}{100}$배	$\frac{1}{10}$배	2.722	10배	100배	1000배
			2.722			

 소수를 10배 하면 소수점은 오른쪽으로 한 칸!,
소수를 $\frac{1}{10}$배 하면 소수점은 왼쪽으로 한 칸!

소수끼리 크기를 비교할 수 있어요?

개념 익히기

0.7m와 0.6m를 비교해 보아요

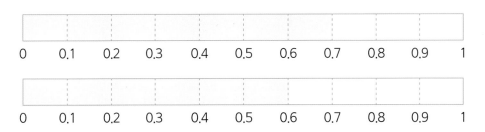

0.7은 0.1이 7개이고, 0.6은 0.1이 6개인 수예요. 0.7이 0.6보다 큰 수이지요. 그러므로 0.7m를 뜬 아이가 목도리를 더 많이 뜬 것이에요.

소수점 앞에 숫자가 있을 때는 어떻게 비교할까요?

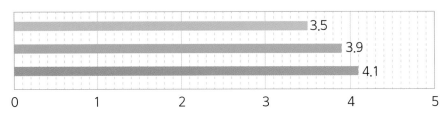

3.5는 0.1이 35개, 3.9는 39개, 4.1은 41개입니다. 세 수 중에 가장 큰 수는 4.1이에요. 소수점 앞쪽에 0이 아닌 숫자가 있는 소수를 비교할 때에는, 소수점 왼쪽의 수가 큰 쪽이 더 크다는 것을 알 수 있어요. 또한, 3.5와 3.9처럼 소수점 왼쪽의 수가 같다면 소수점 오른쪽의 수가 큰 쪽이 더 크답니다.

개념 플러스

0.35와 0.7의 크기를 비교해 보아요

먼저 소수점 왼쪽의 수를 보고 어느 것이 더 큰지 비교해야 하는데, 0.35와 0.7은 소수점 왼쪽의 수가 0으로 같아요. 그렇다면 다음 단계로, 소수점 오른쪽의 수가 더 큰 쪽을 찾아야 해요. 0.35의 소수점 오른쪽 수는 35, 0.7의 소수점 오른쪽 수는 7이에요. 35가 7보다 크니까 0.35도 0.7보다 큰 것일까요?

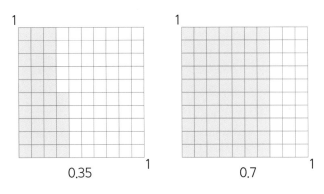

모눈종이 전체 크기는 1이고, 100개로 나누어진 것 중의 한 칸은 0.01이에요. 0.35는 35칸을 칠해야 하고, 0.7은 70칸을 칠해야 하지요. 그림을 비교해 보니 0.7이 더 크다는 것을 알 수 있어요.

$$0.35 = \frac{35}{100} = \text{전체를 100으로 나눈 것 중의 35}$$

$$0.7 = \frac{7}{10} = \text{전체를 10으로 나눈 것 중의 7}$$

1.7	〉	0.3
0.7	〉	0.3
0.74	〉	0.72
0.749	〉	0.742

소수의 크기를 비교할 때에는 소수점 왼쪽의 자연수 부분이 큰 수가 더 큽니다. 그런데 자연수 부분이 같으면 소수 첫째 자리 수가 큰 쪽이 더 큰 수예요. 만약, 소수 첫째 자리까지 같은 수라면 소수 둘째 자리 수가 큰 쪽이 더 커요. 또, 소수 둘째 자리 수까지 같다면 소수 셋째 자리 수가 큰 쪽이 더 큰 수랍니다.

개념 다지기

• 모눈종이 전체의 크기를 1이라고 할 때, 소수 0.53과 0.35만큼 색칠하고 두 수의 크기를 부등호로 나타내 보세요.

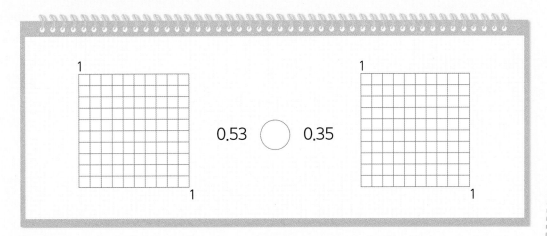

0.53 ◯ 0.35

핵심 콕콕
소수점 왼쪽의 자연수를 비교해서 큰 쪽이 더 큰 수!
자연수가 같을 때는, 소수점 오른쪽의 수를 차례대로 비교!

소수끼리 어떻게 더해요?

내가 제일 많이 짜야지~

무서워…. 젖소가 째려보는 것 같아.

얘들아, 많이 짰어?

응! 나 0.8L!

엄마, 나는 0.5L!

으아앙

아깝다! 둘을 더해서 더 많은 치즈를 만들 수 있었는데….

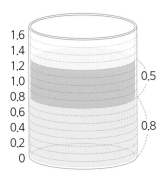 **개념 익히기** ···

소수끼리 더해 보아요

그림으로 계산

0.8L와 0.5L를 더하면 얼마일까요? 젖소가 우유를 담아 놓은 양동이를 넘어뜨리지 않았다면, 치즈를 만드는 데에 사용될 우유의 양은 더 많았을 것입니다. 지금은 0.8L밖에 없지만, 원래대로라면 우유 0.8L와 0.5L를 합해 1.3L가 있었을 거예요.

수직선으로 계산

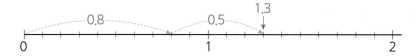

0.8+0.5의 값을 수직선에서 알아볼 수도 있어요. 1을 10개로 나눈 수직선에서 0.8만큼 간 후에, 0.5만큼을 더 가면 됩니다.

세로셈으로 자연수의 덧셈처럼 계산

	0	.	8
+	0	.	5
	1	.	3

세로셈으로 계산할 때는 계산하려는 소수의 소수점을 기준으로 나란히 맞춰야 해요. 그 후에 자연수의 덧셈을 하듯이 소수의 덧셈을 합니다.

개념 플러스

소수 두 자릿수의 덧셈을 알아볼까요?

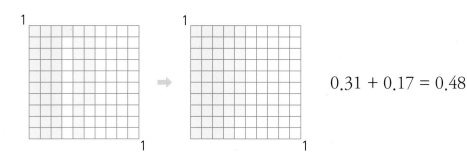

$$0.31 + 0.17 = 0.48$$

100칸으로 나뉘어진 모눈종이 한 칸의 크기는 0.01이기 때문에 0.31과 0.17을 합하면, 0.01짜리가 48개인 0.48이 됨을 알 수 있어요. 이것을 세로셈으로 계산하면 아래와 같아요.

	0	.	3	1
+	0	.	1	7
	0	.	4	8

1.5와 3.24도 더할 수 있을까요?

	1	.	5	
+	3	.	2	4
	4	.	7	4

1.5는 소수 한 자리 숫자이고 3.24는 소수 두 자리 숫자예요. 하지만 소수점을 중심으로 나란히 맞추면 계산할 수 있어요.

소수의 덧셈에서도 받아올림을 할 수 있어요

2.47과 5.15를 더하고 싶어요. 소수 둘째 자리의 수 7과 5를 더해 보니 12가 되었어요. 이럴 때 소수 첫째 자리로 받아올림한답니다.

1 ← 받아올림

	2	.	4	7
+	5	.	1	5
	7	.	6	2

개념 다지기

• 소수의 덧셈 문제를 계산해 보세요.

(1)

	0	.	8	
+	3	.	1	
		.		

(2)

	5	.	2	4
+	1	.	3	
		.		

(3)

	7	.	1	3
+	0	.	4	2
		.		

핵심 콕콕

소수의 덧셈을 계산할 땐 소수점을 중심으로 나란히 맞추어 계산!

소수끼리 어떻게 빼요?

부모님께 드릴 약초를 찾는 일은 멀고도 험하구나.

스마트폰이 없어 그러는데 얼마큼 더 가야 약초가 나옵니까?

잠깐 기다려 보세요.

0.9km에서 0.4km를 빼면 알 수 있는데, 소수끼리 빼는 방법을 모르겠어요.

스마트폰을 폼으로 들고 다니십니까?

개념 익히기

소수의 뺄셈을 알아보아요

수직선으로 계산

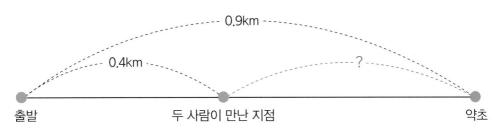

0.9km

0.4km

?

출발 　　　　두 사람이 만난 지점 　　　　약초

111

출발 지점에서 약초까지의 거리는 0.9km이고, 출발 지점에서 두 사람이 만난 나무 아래까지는 0.4km예요. 약초가 있는 곳까지 얼마나 더 가야 하는지, 그 거리를 구하려면 0.9km-0.4km라는 식을 세울 수 있지요. 0.9는 0.1이 9개인 수이고, 0.4는 0.1이 4개인 수이므로, 0.9-0.4=0.5임을 알 수 있어요. 0.5km를 더 가야 약초를 구할 수 있는 것이죠.

세로셈으로 자연수의 뺄셈처럼 계산

	0	.	9	
-	0	.	4	
	0	.	5	

소수의 뺄셈을 할 때에는 소수의 덧셈에서 그랬던 것처럼 소수점을 기준으로 나란히 맞춰 주는 것이 중요해요. 그 후에 자연수의 뺄셈을 하듯이 소수를 계산합니다.

7.94-5.2처럼 소수 두 자릿수에서 소수 한 자릿수를 뺄 수도 있어요. 주의할 것은 소수점을 기준으로 자리를 맞춰 주는 것이에요.

	7	.	9	4
-	5	.	2	
	2	.	7	4

개념 플러스

받아내림이 있는 소수의 뺄셈

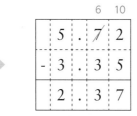

소수 둘째 자리를 보니 2에서 5를 빼야 하네요. 이럴 땐 자연수의 뺄셈에서 하듯이 앞자리에서 받아내림을 하면 된답니다.

내가 친구보다 얼마나 빨리 달렸을까요?

	9	.	7	6
-	8	.	2	3
	1	.	5	3

친구와 50m 달리기를 했어요. 친구의 기록은 9.76초였고, 내 기록은 8.23초였답니다. 나는 친구보다 얼마나 빨리 달린 것인지 알고 싶었어요. 그것을 알아보려면 내 기록에서 친구의 기록을 빼 보면 된답니다. 나는 친구보다 1.53초만큼 더 빨랐다는 것을 알 수 있지요.

개념 다지기

• 소수의 뺄셈 문제를 계산해 보세요.

(1)

	7	.	8	
-	2	.	5	
		.		

(2)

	1	.	7	5
-	0	.	1	2
		.		

(3)

	4	.	2	4
-	2	.	1	7
		.		

•• 연아는 저번 경기에서 207.71점을 얻었고, 이번 경기에서는 228.56점을 얻었어요. 이번 경기 점수는 저번보다 몇 점 더 오른 것일까요?

핵심 콕콕
소수의 뺄셈을 계산할 땐 소수점을 중심으로 나란히 맞추어 계산!

4
도형

선

각

원

다각형

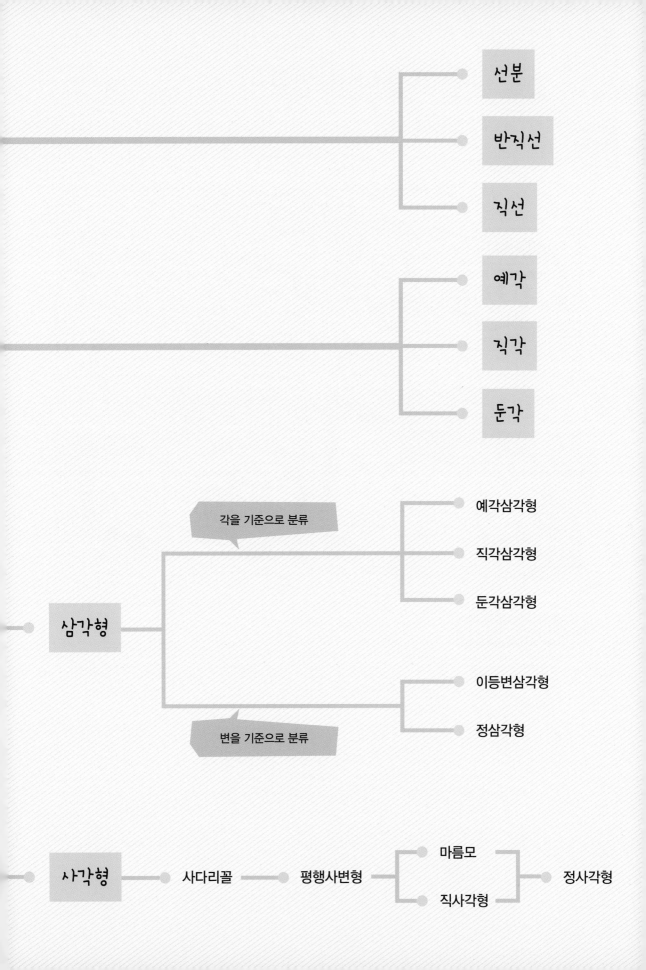

선분

반직선

직선

예각

직각

둔각

각을 기준으로 분류

예각삼각형

직각삼각형

둔각삼각형

삼각형

이등변삼각형

정삼각형

변을 기준으로 분류

사각형 — 사다리꼴 — 평행사변형

마름모

직사각형

정사각형

구불구불하면 선분이
아닌가요?

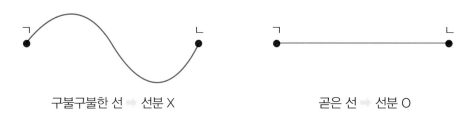

개념 익히기

선분이 뭘까요?

ㄱ　　　　　　　　ㄴ　　　　　　　　ㄱ　　　　　　　　ㄴ

구불구불한 선 ➡ 선분 X　　　　　　　곧은 선 ➡ 선분 O

　두 점을 곧게 잇는 선을 '선분'이라고 해요. 두 점을 곧게 잇지 않고 구불구
불하게 이으면 선분이 되지 않아요.

빨간 선은 곧은 선이 아니기에 선분이 될 수 없고, 파란 선은 곧은 선이기에 선분이 될 수 있어요. 파란색으로 점 ㄱ과 점 ㄴ을 이은 선분은 선분 ㄱㄴ 또는 선분 ㄴㄱ이라고 읽어요.

그러면 구불구불하지 않은 초록색 선은 선분일까요? 이 선은 곧게 나아가다 꺾였기 때문에 선분이 될 수 없어요. 즉, 선분은 두 점을 구불구불하거나 꺾이지 않도록 곧게 연결한 선이에요.

개념 플러스

선분이 특별한 이유는 무엇인가요?

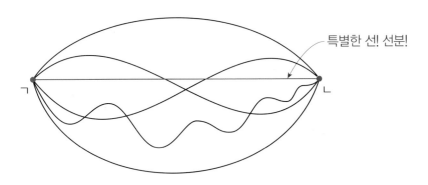

특별한 선! 선분!

"두 점을 곧게 이어 보세요."라고 하면 누구든지 두 점을 ●——● 이렇게 연결할 것입니다. 두 점 사이의 길이를 잴 때도 곧은 선인 선분을 그려서 재어야 해요. 그렇지 않으면 두 점 사이의 길이가 그리는 방식에 따라 달라지기 때문이에요. 두 점 사이의 길이

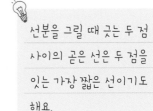

선분을 그릴 때 긋는 두 점 사이의 곧은 선은 두 점을 잇는 가장 짧은 선이기도 해요.

를 누가 재어도 같게 만들기 위해서, 모든 사람들이 두 점을 같은 방법으로 연결할 수 있는 곧게 이은 선이 필요했어요. 그것이 바로 두 점을 곧게 이은 선인 선분이랍니다.

점 ㄱ과 점 ㄴ 사이의 길이는?

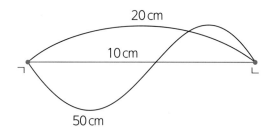

20 cm
10 cm
50 cm

점 ㄱ과 점 ㄴ을 곧게 이은 선은 분홍색으로 그린 선분 ㄱㄴ이에요. 그러므로 점 ㄱ과 점 ㄴ 사이의 길이는 10cm예요.

• 다음 중 선분인 것은?

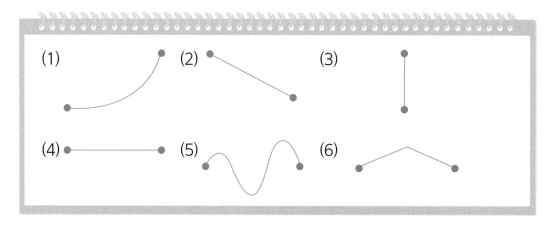

(1)　　　(2)　　　(3)

(4)　　　(5)　　　(6)

•• 아래 도형에 대해 바르게 설명한 것에 동그라미하세요.

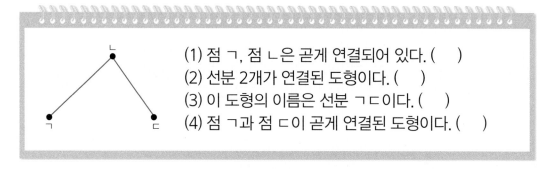

(1) 점 ㄱ, 점 ㄴ은 곧게 연결되어 있다. (　)
(2) 선분 2개가 연결된 도형이다. (　)
(3) 이 도형의 이름은 선분 ㄱㄷ이다. (　)
(4) 점 ㄱ과 점 ㄷ이 곧게 연결된 도형이다. (　)

선분은 두 점을 곧게 이은 선!

118

선분과 직선은 모두 곧은 선인데 뭐가 다른가요?

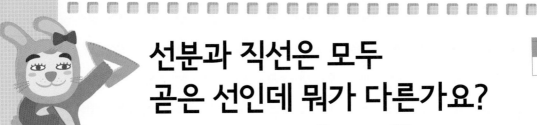

선분은 곧게 이어진 선을 말하지.

음, 그러니까 이것도 선분 ㄱㄴ이야!

이건 직선 ㄱㄴ이야. 선분이 되려면 이렇게 생겨야지.

똑같은 선인데 왜 어떤 건 선분이고 어떤 건 직선이야?

개념 익히기

선분, 반직선, 직선

선분 ㄱㄴ, 선분 ㄴㄱ

반직선 ㄴㄱ

반직선 ㄱㄴ

직선 ㄱㄴ, 직선 ㄴㄱ

두 점을 곧게 이은 선은 '선분'이고, 한 점에서 한쪽 끝으로 늘인 곧은 선은

'반직선'이에요. 점 ㄴ에서 시작해서 점 ㄱ을 지나는 반직선은 반직선 ㄴㄱ, 점 ㄱ에서 시작해서 점 ㄴ을 지나는 반직선은 반직선 ㄱㄴ이라고 해요.

양쪽을 끝없이 늘인 곧은 선은 '직선'이에요. 점 ㄱ과 점 ㄴ을 지나는 직선을 직선 ㄱㄴ 또는 직선 ㄴㄱ이라고 불러요.

선분, 반직선, 직선의 차이점과 공통점

선분은 끝이 있지만 직선은 끝이 없어요. 반직선은 한 방향으로 늘어나고 직선은 양방향으로 늘어나요.

	선분	반직선	직선
차이점	끝이 있다.	한쪽은 끝이 있고 다른 한쪽은 끝이 없다. 한 방향으로만 늘어난다.	끝이 없다. 양방향으로 늘어난다.
공통점	곧은 선이다.		

개념 플러스

쓰임새가 다른 선분, 반직선, 직선

선분, 반직선, 직선은 모두 곧은 선인데 왜 구분할까요? 그건 각각 사용되는 곳이 달라서예요.

다각형에 이용하는 선분

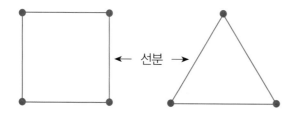

삼각형, 사각형 등을 그릴 때 사용하는 선은 모두 선분이에요. 점과 점을 연결한 곧은 선이기 때문이죠.

측정에 이용하는 반직선

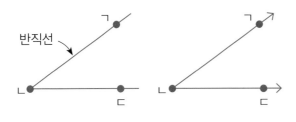

반직선은 주로 각을 측정할 때 사용해요. 각의 크기는 한쪽으로 길이를 아무리 늘여도 변하지 않아요. 이러한 각의 성질을 설명하기 위해 반직선을 사용해요.

평행관계를 설명할 때 이용하는 직선

두 선을 아무리 늘여도 서로 만나지 않는다는 것을 설명하기 위해 직선을 사용해요.

개념 다지기

• 아래의 선을 보고 선분은 (선), 반직선은 (반), 직선은 (직)이라고 써 보세요.

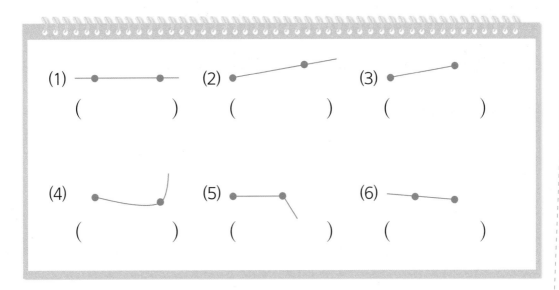

(1) (   )　(2) (   )　(3) (   )

(4) (   )　(5) (   )　(6) (   )

핵심 콕콕

선분의 한쪽을 늘인 선은 반직선!

선분의 양쪽을 늘인 선은 직선!

많이 벌어지면 각이 더 큰 것 아닌가요?

3학년 1학기
2. 평면도형

4학년 1학기
3. 각도와 삼각형

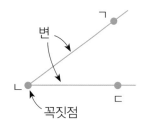

개념 익히기

각이 뭘까요?

한 점에서 그은 2개의 반직선으로 이루어진 도형을 '각'이라고 해요. 이러한 각을 각 ㄱㄴㄷ 또는 각 ㄷㄴㄱ이라고 해요. 이때, 점 ㄴ은 꼭짓점이라고 불러요.

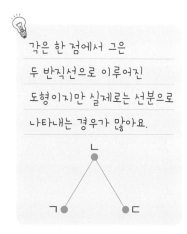

각은 한 점에서 그은 두 반직선으로 이루어진 도형이지만 실제로는 선분으로 나타내는 경우가 많아요.

122

각의 크기는 어떻게 비교할까요?

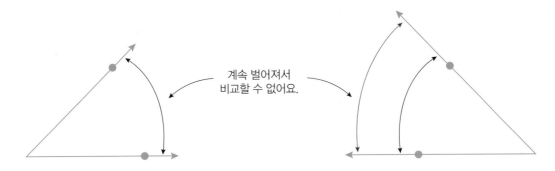

계속 벌어져서
비교할 수 없어요.

각은 계속 늘여지는 2개의 반직선으로 이루어져 있어서 각의 끝 지점으로는 각의 크기를 비교할 수 없어요. 그래서 각의 꼭짓점에서 두 반직선이 벌어진 정도를 비교해요. 꼭짓점에서 두 변이 얼마나 벌어졌나를 보면 각의 크기를 비교할 수 있어요.

각의 크기를 비교해 볼까요?

㉮   ㉯

투명 종이에 ㉮의 각을 그려서 ㉯의 꼭짓점으로 옮겨 보면 두 각의 크기를 비교할 수 있어요.

㉯ 각의 꼭짓점으로
옮겨서 비교!

㉮   ㉯   ㉯
                              ㉮

이렇게 옮겨 보면 ㉯의 각이 ㉮의 각보다 크다는 것을 알 수 있어요. 이처럼 각의 크기는 변의 길이나 끝 지점에서 벌어진 정도가 아닌, 꼭짓점에서 두 변이 벌어진 정도를 비교해야 해요.

가위의 각을 비교하기 위해서도 가위가 벌어진 쪽에서 비교해야 해요. 가위의 꼭짓점은 두 가위가 벌어지는 교차점으로 보면 된답니다. 그림처럼 교차점을 겹쳐서 비교하면 더 잘 알 수 있죠. 그렇게 비교하니 작은 가위가 꼭짓점 쪽에서 더 많이 벌어졌어요. 즉, 작은 가위의 각이 더 커요.

개념 플러스

각도기로 각을 재요

우리가 길이를 잴 때 자를 이용하는 것처럼 각의 크기를 재는 도구가 있어요. 바로 '각도기'예요.

각도기를 이용해 각의 크기를 재는 방법

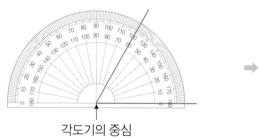

각도기의 중심

① 각도기의 중심을 꼭짓점에 두기

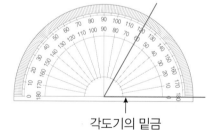

각도기의 밑금

② 각도기의 밑금을 한 변에 맞추기

각도기를 이용해 각의 크기를 읽는 방법

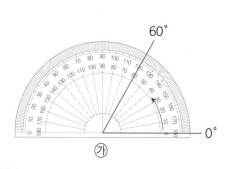

60°

0°

㉮

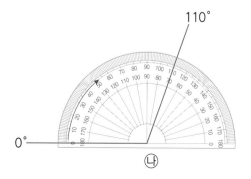

110°

0°

㉯

㉠의 경우 60과 120 중 어느 각을 읽어야 할까요? 먼저 각도기의 밑금이 어디에 맞춰져 있는지 확인하고, 밑금이 '0'에서 시작되는 부분으로 읽으면 돼요. 여기서는 '60도'로 읽어요.

㉡의 경우는 70과 110 중 어느 각을 읽어야 할까요? 여기서도 역시 각도기의 밑금이 '0'으로 맞춰져 있는 쪽을 읽어야 해요. 그래서 '110도'라고 읽어요.

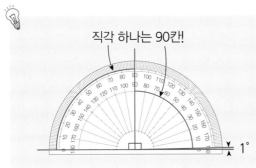

직각 하나는 90칸!

각의 크기를 각도라고 해요. 직각을 똑같이 90칸으로 나누고 나누어진 하나를 '1도'라고 읽고 '1°'라고 써요. 그래서 직각은 90°예요.

1°

개념 다지기

• 아래 각의 각도를 재어 보세요.

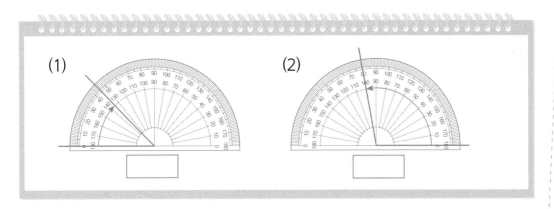

(1)

(2)

핵심
콕콕

각의 크기를 비교할 때는 꼭짓점에서 두 변이 벌어진 정도를 비교!

예각, 직각, 둔각?

개념 익히기

예각, 직각, 둔각

각도, 즉 각의 크기는 변의 길이와 관계없이 두 변이 벌어진 정도를 말해

요. 각의 크기가 0°보다 크고 직각(90°)보다 작은 각을 '예각', 각의 크기가 90°인 각을 '직각', 각의 크기가 직각(90°)보다 크고 180°보다 작은 각을 '둔각'이라고 해요.

- 예각(銳角 날카로울 예, 뿔 각)
  뜻: 날카로운 각
- 직각(直角 곧을 직, 뿔 각)
  뜻: 곧은 각
- 둔각(鈍角 무딜 둔, 뿔 각)
  뜻: 무딘 각

부채를 제대로 분류하면 이렇게!

예각

직각

둔각

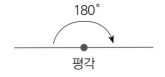

180°도 각이에요

위 도형은 무엇일까요? 직선일까요? 이것은 직선이 아닌 각이에요. 이렇게 평평한 각을 '평각'이라고 해요. 평각은 각의 크기가 180°인 각이에요.

- 평각(平角 평평할 평, 뿔 각)
  뜻: 평평한 각, 180°인 각

180°

평각

180°를 넘는 각

    이건 예각과 둔각 아니냐고요? 보통 이런 각을 그리면 안쪽에 만들어진 각만 생각하곤 해요. 바깥쪽에 있는 각을 보면, 첫 번째 각과 두 번째 각 모두 180°가 넘는 각이라는 것을 알 수 있어요. 우리는 주로 180°보다 작은 각을 사용해서 이런 각은 잘 사용하지 않지만 이런 각도 있다는 것을 알아 두면 좋아요.

• 주어진 각이 예각인지 직각인지 둔각인지 쓰세요.

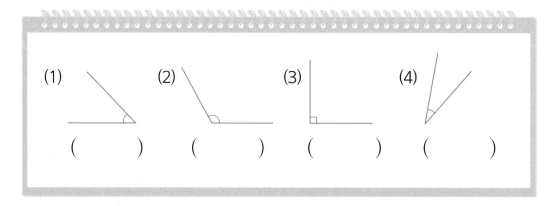

0°보다 크고 직각(90°)보다 작은 각은 예각!

직각(90°)보다 크고 180°보다 작은 각은 둔각!

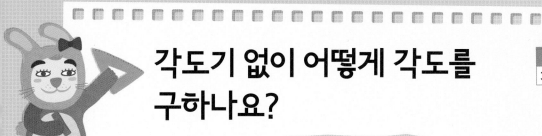

각도기 없이 어떻게 각도를 구하나요?

 개념 익히기

각도기 없이 각도 구하기

두 각을 이어 붙이거나 겹쳐서 각도의 합과 차를 구할 수 있어요. 각도의 합과 차는 자연수의 덧셈, 뺄셈과 같은 방법으로 구합니다. 이러한 각도의 합과 차를 이용하면 각도기 없이도 각도를 알 수 있어요.

두 각을 이어 붙이기

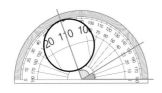

㉮와 ㉯ 각을 이어 붙인 후 각의 각도를 재면 110°예요. 즉, 30°+80°=110°와 같이 자연수의 덧셈과 같은 방법으로 각도의 합을 구할 수 있어요.

두 각을 겹치기

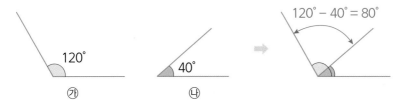

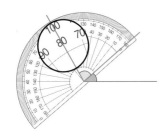

㉮와 ㉯ 각을 겹쳐서 붙인 후 겹쳐지지 않은 부분의 각도를 재면 80°예요. 즉, 120°-40°=80°와 같이 자연수의 뺄셈과 같은 방법으로 각도의 차를 구할 수 있어요.

아이가 알고 싶었던 각은 몇 도일까요?

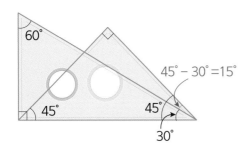

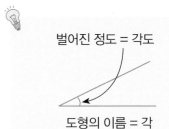

벌어진 정도 = 각도

도형의 이름 = 각

각은 두 반직선(또는 선분)이 한 점에서 만나 만들어진 도형이에요. 각도는 이 도형에서 두 반직선(또는 선분)이 벌어진 정도를 의미해요.

두 각을 겹쳐 45°에서 30°를 빼니 15°라는 것을 알 수 있어요.

각도 여러 개의 합을 구해 보아요

삼각형 세 각의 합

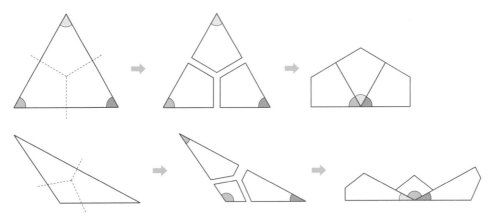

삼각형을 점선처럼 잘라서 다시 붙여 보면 이어 붙인 세 각이 직선으로 이어져요. 어떤 형태의 삼각형도, 잘라서 세 각을 모두 이어 붙이면 180°예요. 즉, 삼각형 세 각의 합은 180°랍니다.

사각형 네 각의 합

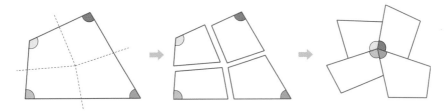

사각형의 네 각을 이어 붙이니 네 각의 합은 360°라는 것을 알 수 있어요.

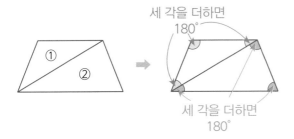

또한, 사각형은 2개의 삼각형으로 나누어지기 때문에 삼각형 세 각의 합이

180°라는 것을 이용해서도 구할 수 있어요. 두 삼각형의 여섯 각을 모두 합하면 360°로, 이것은 사각형 네 각의 합과 같아요.

오각형 다섯 각의 합

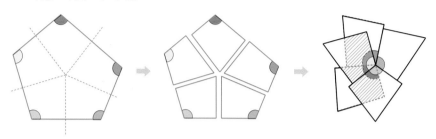

삼각형이나 사각형처럼 오각형을 자른 후에 이어 붙이면 서로 겹치는 부분이 생겨요. 그래서 잘라서 붙이는 방법으로는 오각형 다섯 각의 합을 정확히 알 수 없어요.

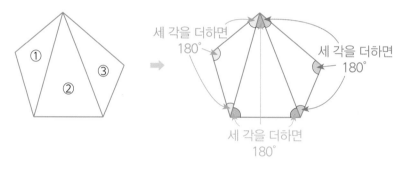

하지만 이것도 삼각형 세 각의 합이 180°라는 사실을 이용하면 오각형 다섯 각의 합을 구할 수 있어요. 오각형은 3개의 삼각형으로 나눌 수 있고, 이 삼각형 3개의 아홉 각을 모두 합하면 540°가 됩니다. 즉, 오각형 다섯 각의 합은 540°예요.

내각과 외각

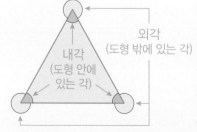

삼각형은 각이 3개인 도형, 사각형은 각이 4개인 도형, 오각형은 각이 5개인 도형이에요. 여기서 각은 내각을 뜻해요. 내각은 한자로 內(안 내)角(뿔 각)으로 써요. 즉, 도형 안에 있는 각이죠. 도형 밖에 있는 각은 外(바깥 외)를 써서 외각이라고 해요.

각도기를 이용해서 구해요

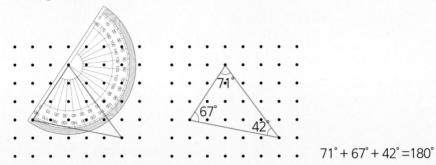

$71° + 67° + 42° = 180°$

삼각형, 사각형, 오각형 등의 내각의 합은 도형을 그리고 그려진 도형의 내각을 각도기로 직접
측정한 후, 측정한 값을 모두 더해서 구할 수도 있어요.

개념 다지기

• 아래에 제시된 직각삼각자 2개를 겹쳐서 만든 각을 구하세요.
  (삼각형 세 각의 합이 180°라는 성질 이용)

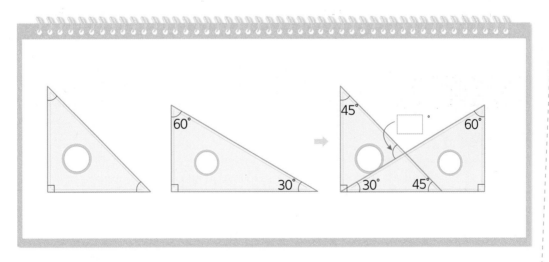

핵심
콕콕

각도기 없이도 각도를 더하고 빼면 각도를 구할 수 있어요!

같은 삼각형인데 왜 부르는 이름이 달라요?

개념 익히기

삼각형의 분류 기준

분류를 할 때 가장 중요한 것은 '분류 기준'이에요. 교실에서 성별을 기준으로 분류하면 남학생, 여학생으로 나눌 수 있고, 번호를 기준으로 분류하면 짝수, 홀수로 나눌 수 있어요. 이외에도 안경의 유무, 옷 색깔 등 다양한 분류 기준에 따라 분류할 수 있지요. 삼각형은 두 가지 분류 기준을 가지고 있어요. 바로 '각'과 '변의 길이'죠. 이것에 따라 삼각형을 부르는 이름도 달라져요.

각을 기준으로 분류

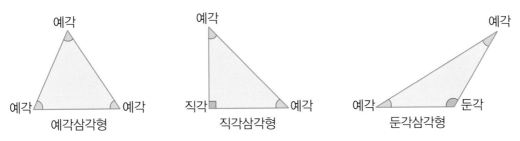

각을 기준으로 분류하면 예각삼각형, 직각삼각형, 둔각삼각형, 이렇게 세 가지로 분류할 수 있어요. 예각삼각형은 삼각형의 세 각이 모두 예각인 삼각형, 직각삼각형은 삼각형의 세 각 중 한 각이 직각인 삼각형, 둔각삼각형은 삼각형의 세 각 중 한 각이 둔각인 삼각형이에요.

어떤 형태의 삼각형이든 예각삼각형, 직각삼각형, 둔각삼각형 중 하나에는 속해요. 이때, 예각삼각형이면서 둔각삼각형이거나, 직각삼각형이면서 예각삼각형은 될 수 없어요. 예각삼각형은 세 각이 모두 예각이어야 하기 때문이에요.

변의 길이를 기준으로 분류

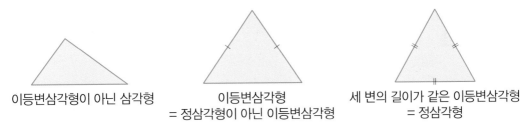

변의 길이를 기준으로 분류하면 이등변삼각형과 이등변삼각형이 아닌 삼각형으로 나눌 수 있어요. 여기서 이등변삼각형은 또 정삼각형과 정삼각형이 아닌 이등변삼각형으로 나눌 수 있어요.

이등변삼각형은 두 변의 길이가 같은 삼각형이고, 정삼각형은 세 변의 길이가 같은 삼각형이에요. 다양한 형태의 이등변삼각형 중에 세 변의 길이가 같은 이등변삼각형이 정삼각형이 되는 거지요. 즉, 모든 정삼각형은 이등변삼각형이에요.

각을 기준으로 이등변삼각형을 또다시 분류

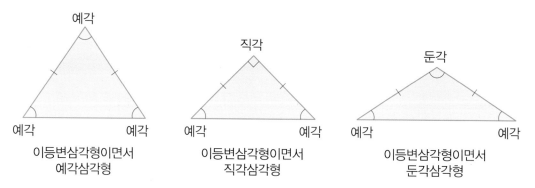

이등변삼각형이면서
예각삼각형

이등변삼각형이면서
직각삼각형

이등변삼각형이면서
둔각삼각형

이때, 모든 이등변삼각형은 각에 따라 또 한번 예각삼각형, 직각삼각형, 둔각삼각형으로 분류할 수 있어요. 우리 반 친구를 여학생과 남학생으로 나누고, 또다시 여학생을 짝수와 홀수로 분류할 수 있는 것처럼 말이에요.

이등변삼각형을 각에 따라 나누는 기준은 다음과 같아요. 두 변의 길이가 같으면서 모든 각이 예각이면 예각삼각형, 두 변의 길이가 같으면서 한 각이 직각이면 직각삼각형, 두 변의 길이가 같으면서 한 각이 둔각이면 둔각삼각형으로 나누어요.

정삼각형은 오직 예각삼각형만!

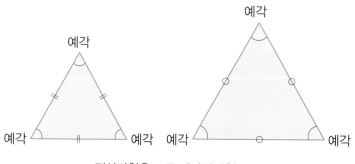

정삼각형은 모두 예각삼각형

정삼각형은 이등변삼각형 중 나머지 한 변의 길이도 두 변의 길이와 같은, 세 변의 길이가 모두 같은 삼각형이에요. 어떤 형태의 정삼각형을 그려도 정삼각형의 모든 각은 예각이에요. 세 변의 길이를 같게 그리려면 예각으로 그릴 수밖에 없기 때문이죠. 그래서 정삼각형은 예각삼각형만 될 수 있어요.

만화에 나온 삼각형을 다시 분류해 볼까요?

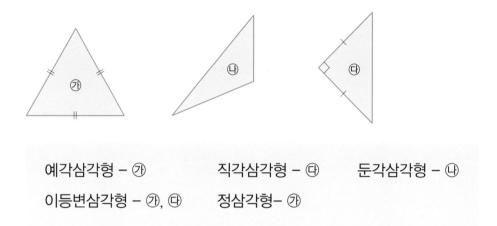

예각삼각형 – ㉮   직각삼각형 – ㉰   둔각삼각형 – ㉯

이등변삼각형 – ㉮, ㉰   정삼각형– ㉮

㉮는 예각삼각형이면서 정삼각형이고, 세 변의 길이가 같기에 당연히 두 변의 길이가 같은 이등변삼각형이 돼요. ㉯는 각을 따라 분류하면 둔각삼각형이고, 변의 길이에 따라 분류하면 이등변삼각형이 아닌 삼각형이에요. ㉰는 직각삼각형이면서 이등변삼각형이에요.

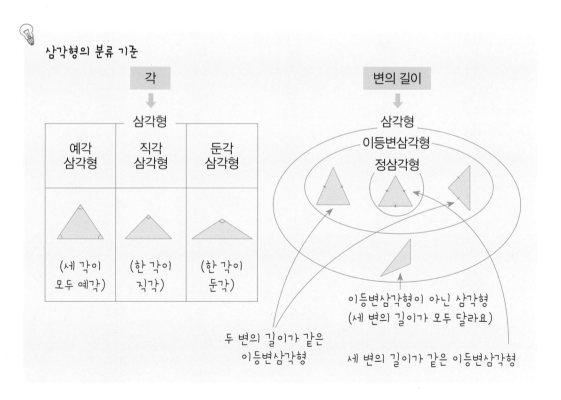

이등변삼각형과 정삼각형의 또 다른 성질

이등변삼각형

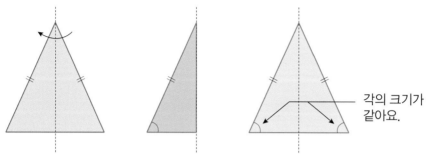

각의 크기가 같아요.

➡ 두 변의 길이가 같은 이등변삼각형은 두 각의 크기도 같다!

두 변의 길이가 같은 삼각형이 이등변삼각형이에요. 그런데 이등변삼각형에는 또 하나 특별한 성질이 있어요. 위 그림처럼 반을 접으면, 점선을 기준으로 나누어지는 두 삼각형의 크기가 일치하는 것이죠. 즉, 두 변의 길이를 같게 했는데 두 각의 크기도 같아진 거예요. 그래서 이것을 이등변삼각형의 성질로 사용하게 되었어요.

정삼각형

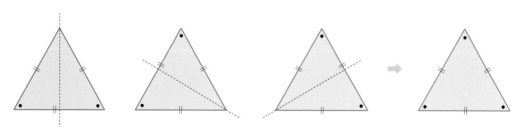

➡ 세 변의 길이가 같은 정삼각형은 세 각의 크기도 같다!

정삼각형은 위 그림처럼 점선을 따라 접으면 접어서 만나는 두 각의 크기가 모두 같아요. 즉, 정삼각형은 세 각의 크기가 모두 같다는 것이죠. 세 변의 길이를 같게 만들었는데 세 각의 크기도 같아진 거예요. 그래서 세 각의 크기가 같다는 것도 정삼각형의 성질로 사용하게 되었어요.

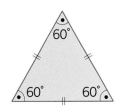

또한, 정삼각형 세 각의 합은 180°예요. 정삼각형에서는 세 각의 크기가 같기 때문에 180°를 3으로 나눈 60°가 정삼각형 한 각의 크기가 된다는 것을 알 수 있어요.

개념 다지기

• 다음 이등변삼각형의 변의 길이와 각의 크기를 구해 보세요.

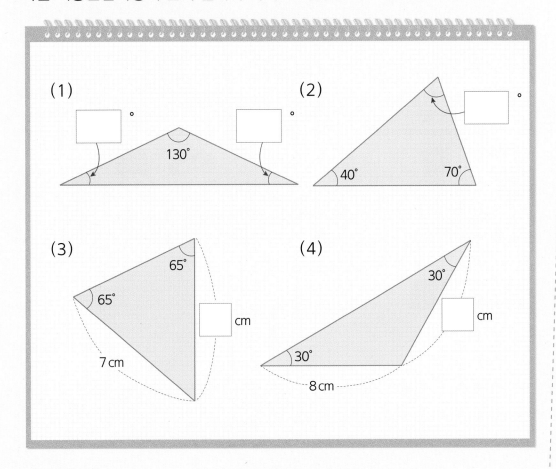

(1)

☐ °   ☐ °

130°

(2)

☐ °

40°   70°

(3)

65°

65°

☐ cm

7 cm

(4)

30°

30°

☐ cm

8 cm

삼각형은 각의 크기와 변의 길이로 분류할 수 있다!

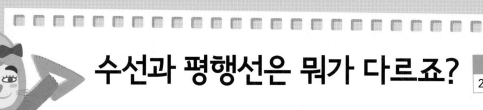

수선과 평행선은 뭐가 다르죠?

4학년 2학기
2. 수직과 평행

개념 익히기

수선과 평행선

수선

두 직선이 만나 이루는 각이 직각일 때, 두 직선은 서로 수직이라고 해요. 이렇게 한 직선에 수직으로 그어진 다른 직선을 '수선'이라고 불러요.

← 수선

평행선

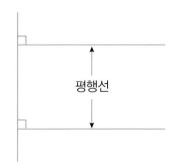

평행선

한 직선에 수직인 두 직선을 그으면, 이 두 직선은 서로 만나지 않아요. 이렇게 서로 만나지 않는 직선을 평행하다고 하고 평행한 두 직선을 '평행선'이라고 불러요.

삼각자를 이용해 수선과 평행선을 그려 보아요

수선

수선 →

㉮

직각삼각자를 직선 ㉮에 맞추고 선을 그려요.

평행선

㉯

㉮

평행선

직각삼각자를 직선 ㉮에 맞춰요. 다른 직각삼각자를 사용해서 직선 ㉮와 평행인 선 ㉯를 그려요.

아이가 밖을 볼 수 있는 각도를 구해 보아요

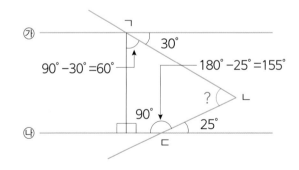

$60° + 90° + 155° + ? = 360°$

$305° + ? = 360°$

$? = 360° - 305° = 55°$

➡ 아이가 밖을 볼 수 있는 각도는 55°

만화 속 그림을 간단하게 만들어 보면 위와 같아요. ㉮와 ㉯는 평행선이고, 이것에 수직이 되는 수선을 그으면 사각형이 만들어져요. 이 사각형의 내각의 합은 360°일 것이에요. 이것을 이용해 아이가 볼 수 있는 각도를 구하면 55°라는 것을 알 수 있어요.

수선을 그릴 때 기억해요

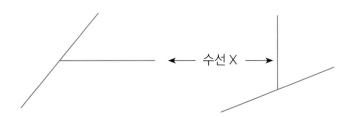

수선을 위쪽 그림처럼 그리는 친구들이 있어요. 무조건 위나 옆으로 반듯하게 그리면 된다고 생각하고 실수를 한 거예요. 수선은 한 직선에 수직으로 그어진 직선이에요. 주어진 직선에서 수직이 어느 방향인지를 잘 생각해 보고 수선을 그어야 해요.

옳은 수선 그리기 방법

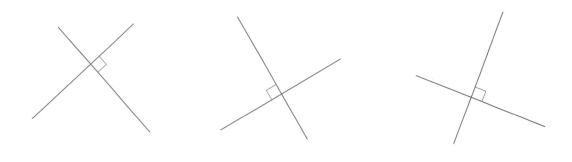

평행선의 특징을 기억해요

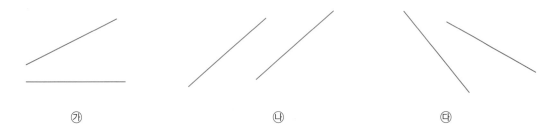

평행선은 두 직선이 서로 만나지 않아야 해요. 각각의 직선을 늘여 보면 어떤 것이 평행선인지 알 수 있어요.

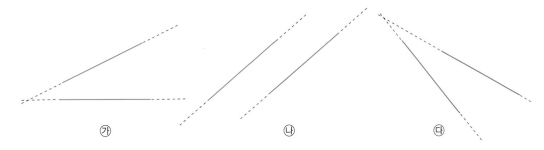

직선을 늘여 보니 ㉮와 ㉰는 두 직선이 만나고, ㉯는 만나지 않아요. 이렇게 서로 만나지 않는 ㉯의 두 직선이 평행선이에요. 두 직선을 양쪽으로 늘여 보고 만나지 않으면 두 직선은 평행선이랍니다.

개념 다지기

• 다음 각을 구해 보세요.(가와 나는 평행선)

•• 다음 도형에서 평행한 변은 모두 몇 쌍일까요?

핵심 콕콕
한 직선에 수직으로 그어진 직선은 수선!
양쪽으로 늘여서 만나지 않는 두 직선은 평행선!

직사각형과 정사각형은 다른 것 아닌가요?

 개념 익히기 ∙∙

직사각형과 정사각형

직사각형	정사각형

네 각이 모두 직각인 사각형을 '직사각형'이라고 해요. 네 각이 모두 직각이고 네 변의 길이가 모두 같은 사각형은 '정사각형'이라고 하지요.

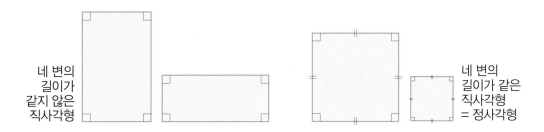

네 변의 길이가 같지 않은 직사각형

네 변의 길이가 같은 직사각형 = 정사각형

하지만 정사각형은 직사각형이기도 해요. 즉, 정사각형은 다양한 직사각형 중 네 변의 길이가 같은 직사각형을 부르는 말이에요.

다시 제대로 분류해 볼까요?

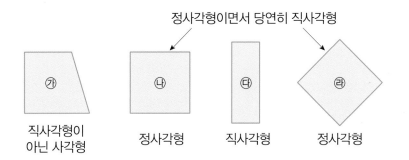

정사각형이면서 당연히 직사각형

㉮ 직사각형이 아닌 사각형

㉯ 정사각형

㉰ 직사각형

㉱ 정사각형

㉮는 네 각이 모두 직각이 아니라서 직사각형이 될 수 없어요. ㉯, ㉰, ㉱는 네 각이 모두 직각이기 때문에 직사각형이에요. 이 중 ㉯와 ㉱는 네 변의 길이가 모두 같은 직사각형, 즉 정사각형이랍니다.

개념 플러스

사각형의 다른 종류에 대해서 더 알아보아요

사다리꼴

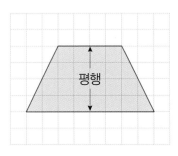

평행

평행한 변이 있는 사각형, 즉 마주 보는 한 쌍의 변이 평행한 사각형을 '사다리꼴'이라고 해요. 만화에 나온 사각형 중 ㉮는 사다리꼴이에요.

평행사변형

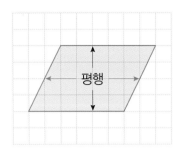

다양한 사다리꼴 중 마주 보는 두 쌍의 변이 모두 평행한 사각형을 '평행사변형'이라고 해요. 평행사변형은 사다리꼴 중 특별한 조건(한 쌍이 아니라 두 쌍의 변이 모두 평행)을 만족하는 사다리꼴이에요.

마름모

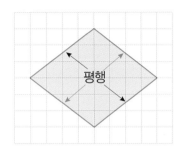

평행사변형 중 네 변의 길이가 모두 같은 사각형을 '마름모'라고 해요. 마름모도 평행사변형이기에 당연히 마주 보는 두 쌍의 변이 모두 평행해요.

직사각형

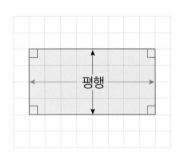

평행사변형 중 네 각이 모두 직각인 사각형을 '직사각형'이라고 해요. 직사각형도 평행사변형이기에 당연히 마주 보는 두 쌍의 변이 모두 평행해요.

정사각형

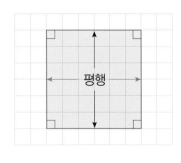

'정사각형'은 네 각이 모두 직각이어서 직사각형이에요. 그리고 네 변의 길이가 모두 같아서 마름모이기도 하지요. 또한, 정사각형은 마주 보는 두 쌍의 변이 평행하기에 평행사변형이고, 변이 한 쌍 이상 평행하기에 사다리꼴이기도 해요. 즉, 정사각형은 직사각형, 마름모, 평행사변형, 사다리꼴의 조건을 모두 만족하는 사각형이에요.

사각형의 포함관계

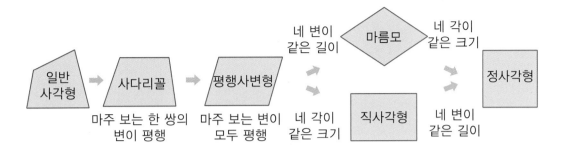

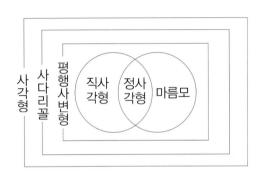

 개념 다지기

- 아래의 사각형을 사다리꼴, 평행사변형, 마름모, 직사각형, 정사각형으로 분류해 보세요.

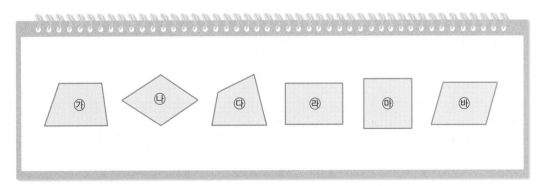

핵심 콕콕 정사각형은 네 각이 모두 직각이고, 네 변 길이가 같은 사각형!

마름모와 평행사변형의 특수한 형태가 정사각형!

도형과 다각형은 같은 말 아닌가요?

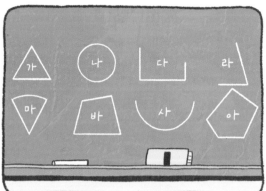

개념 익히기

도형이 뭘까요?

도형은 점, 선, 면으로 이루어졌거나, 이들이 합쳐져서 이루어진 것을 말해요. 그러므로 점(•), 선분(——), 반직선(•——), 직선(•——•), 각(∠), 곡선(〰)은 모두 도형이에요. 또한 선분으로 둘러싸여 있는 삼각형(△), 사각형(□)도 모두 도형이지요. 즉, 점, 선, 면으로 이루어진 모든 것은 도형이라고 할 수 있어요.

그렇다면 다각형은 뭘까요?

여러 가지 형태의 도형 중 선분으로만 둘러싸인 도형을 다각형이라고 해요. 그래서 삼각형(△), 사각형(□)은 선분으로만 둘러싸여 있기에 다각형이 될 수 있어요. 반면, 점(·), 선분(⟼), 반직선(•⟶), 직선(•⟶•), 각(∠), 곡선(∿)은 도형이긴 하지만 선분으로 둘러싸여 있지 않아서 다각형이 될 수 없어요.

만화에 나온 문제를 다시 풀어 보아요

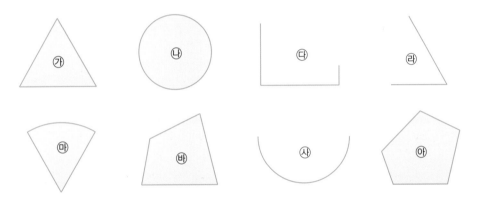

도형과 다각형이 무엇인지 알았으니 이제는 제대로 다각형을 찾아볼 순서예요. ㉮에서 ㉜까지의 도형 중에서 다각형은 무엇일까요?

다각형인 도형

㉮, ㉯, ㉰, ㉱, ㉲, ㉳, ㉴, ㉜는 모두 도형이에요. 이 중 다각형이 될 수 있는 것은 ㉮, ㉳, ㉜밖에 없어요. 왜냐하면 ㉮, ㉳, ㉜만 선분으로 둘러싸여 있기 때문이에요.

선분은 두 점을 곧게 이은 선이에요.

다각형이 아닌 도형

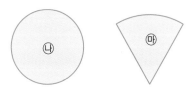

㉯와 ㉮는 선으로 둘러싸여 있지만 곧은 선인 선분(──)으로만 둘러싸여 있지 않고 굽은 선인 곡선도 함께 있어서 다각형이 될 수 없어요.

㉰와 ㉱는 선분(──)으로 이루어져 있지만 둘러싸인 도형이 아니라서 다각형이 될 수 없어요.

㉲는 선분(──)으로 이루어져 있지 않고 곡선으로 이루어져 있기에 당연히 다각형이 될 수 없어요.

개념 플러스

도형을 또 어떻게 나눌 수 있을까요?

도형은 크게 평면도형과 입체도형으로 나눌 수 있어요. 점(·), 선분(──), 반직선(•──), 직선(──), 각(∠), 곡선(∿), 다각형(△, □)은 모두 평면에 그려지는 도형이에요. 이러한 도형을 평면도형이라고 합니다. 반면, 두께를 가지는 정육면체, 직육면체, 구, 원기둥 같은 도형은 입체도형이라고 해요.

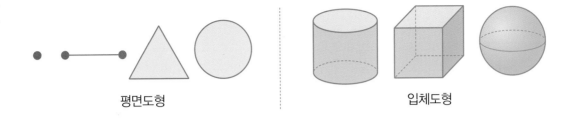

평면도형   입체도형

• 그림을 보고 물음에 답하세요.

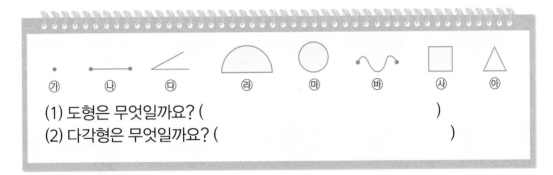

(1) 도형은 무엇일까요? (   )

(2) 다각형은 무엇일까요? (   )

•• 다각형이 되면 O표, 다각형이 아니면 X표 하고 그 이유를 써 보세요.

도형	O, X	이유

다각형은 선분으로만 둘러싸인 도형!

네모 모양이 아니어도 사각형?

개념 익히기

변의 개수에 따라 달라지는 다각형의 이름

| 삼각형 | 사각형 | 오각형 |

선분으로만 둘러싸인 도형을 '다각형'이라고 해요. 이러한 다각형은 변의

수에 따라 이름을 붙여요. 변이 3개면 삼각형, 변이 4개면 사각형, 변이 5개면 오각형 등으로 부르지요.

네모 모양이 아니어도 사각형

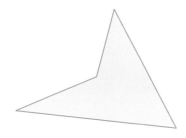

만화에서 아이가 그린 사각형은 변의 수가 4개이고 선분으로만 둘러싸여 있어요. 그렇기 때문에 이 도형은 사각형이 맞아요.

육각형은 어떨까요?

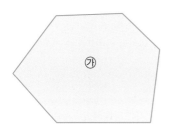

우리가 육각형 하면 떠올릴 수 있는 도형과 다르게 생겼지만 ㉮, ㉯처럼 생긴 도형도 변의 수가 6개이고 선분으로 둘러싸여 있기 때문에 육각형이라고 부를 수 있어요.

개념 플러스

정다각형은 뭘까요?

정삼각형

정사각형

정오각형

정육각형

...

다각형 중 변의 길이가 모두 같고 각의 크기가 모두 같은 다각형을 '정다각형'이라고 해요. 다양한 모양의 삼각형 중 세 변의

- 다각형(多角形 많을 다, 뿔 각, 모양 형): 각이 많은 도형
  삼각형(三角形): 각이 3개인 도형, 변도 3개
  사각형(四角形): 각이 4개인 도형, 변도 4개
  오각형(五角形): 각이 5개인 도형, 변도 5개

길이가 모두 같고 세 각의 크기가 모두 같은 정삼각형은 정다각형의 조건을 만족하기에 정다각형이지요. 이러한 정다각형은 정삼각형 이외에 정사각형, 정오각형, 정육각형 등이 있어요.

- 점 종이에 십각형과 십이각형을 그려 보세요.

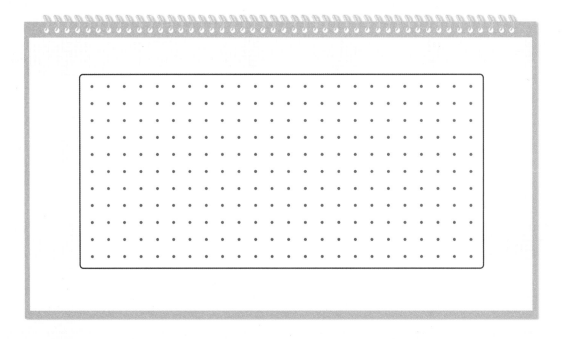

변의 개수가 4개면 사각형!

어떤 것을 원이라고 할까요?

개념 익히기

원이 뭘까요?

도형 ㉮, ㉯, ㉰, ㉱를 우리는 흔히 동그라미, 원이라고 해요. 하지만 이 중에서 ㉮와 ㉱만 원이에요. ㉯와 ㉰처럼 찌그러진 형태는 원이라고 부르지 않아요.

원은 컴퍼스를 이용해서 그릴 수 있어요. 한쪽을 고정시키고 다른 한쪽을 돌리면 원을 그릴 수 있지요. 이때, 고정된 '점 ㅇ'을 '원의 중심'이라고 해요.

또한, 원은 원의 중심에서 원 위의 모든 점까지의 거리가 같아요. 원이 찌그러져 있으면 원의 중심에서 원 위의 모든 점까지의 거리가 같을 수 없어요.

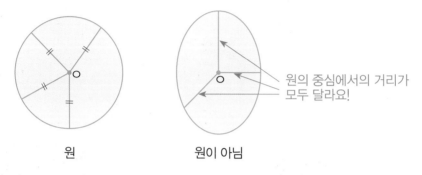

원　　　　　　원이 아님

원의 중심에서의 거리가
모두 달라요!

개념 플러스

원의 특징은 무엇일까요?

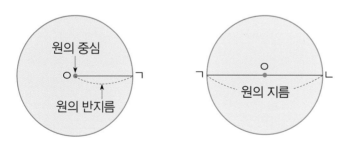

원의 가장 안쪽에 있는 '점 ㅇ'을 '원의 중심'이라고 하고 원의 중심과 원 위의 한 점을 이은 '선분 ㅇㄱ'을 '원의 반지름'이라고 해요. 원 위의 두 점을 이은 선분이 원의 중심을 지나는 '선분 ㄱㄴ'은 '원의 지름'이라고 해요. 원의 지름은 원을 똑같이 둘로 나눈답니다.

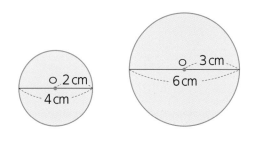

반지름은 이름에서도 알 수 있듯이 지름의 반이에요. 즉, 지름은 반지름의 두 배 길이입니다.

원의 중심을 지나지 않는다면 지름이 아니에요

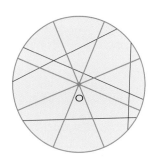

원에서 지름은 셀 수 없이 많이 그릴 수 있어요. 하지만 꼭 원의 중심을 지나야 한답니다. 그림에서 원 위의 두 점을 이은 여러 선분 중 원의 중심을 지나는 분홍색 선분만 지름이 될 수 있고, 원의 중심을 지나지 않는 검은색 선분은 지름이 될 수 없어요.

개념 다지기

• 다음의 길이를 구해 보세요.

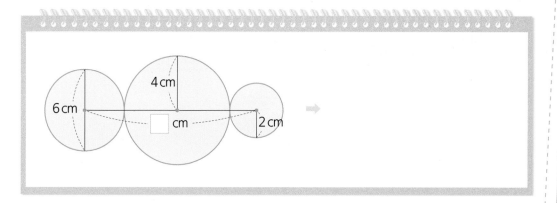

핵심 콕콕

원은 원의 중심에서 원 위의 모든 점까지의 거리가 같다!

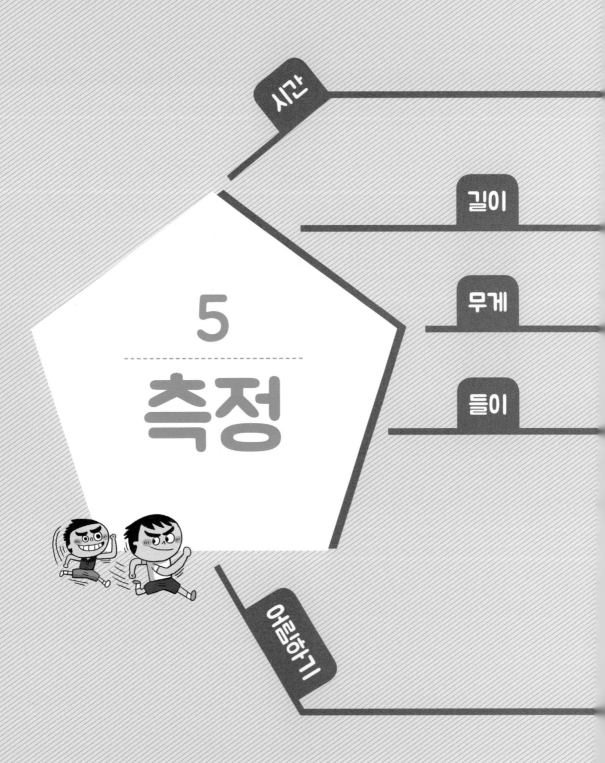

시간

길이

무게

들이

5

측정

어림하기

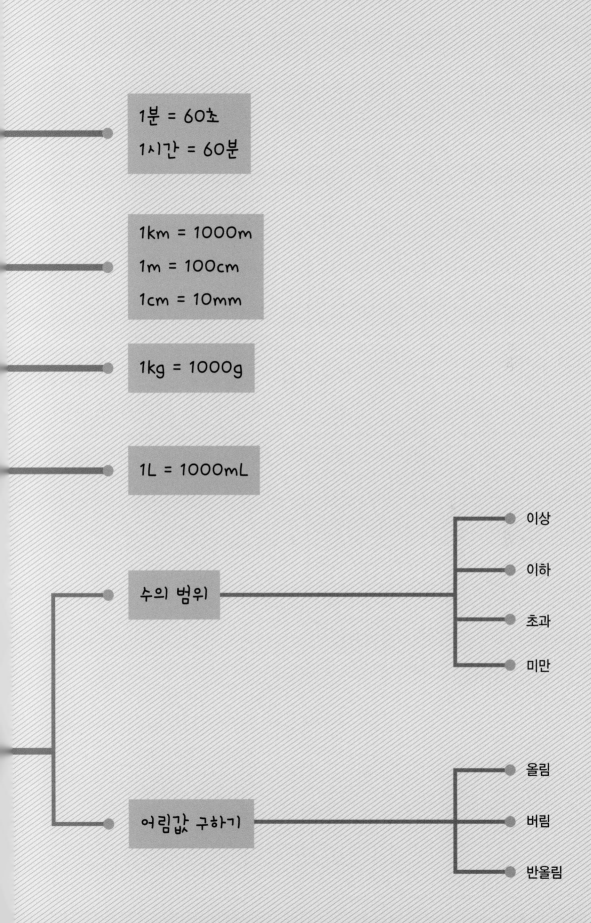

1분 = 60초
1시간 = 60분

1km = 1000m
1m = 100cm
1cm = 10mm

1kg = 1000g

1L = 1000mL

수의 범위

이상

이하

초과

미만

어림값 구하기

올림

버림

반올림

시간과 시각, 뭐가 다른가요?

지금 11시 10분이네. 수영장까지 가는 데 시간이 얼마나 걸려?

음…. 40분 정도 걸려.

그럼 우리가 만날 시간은 11시 50분이야! 그때 보자!

만날 시간이 아니라 '시각'이라고 해야지~

시각?

개념 익히기

시각과 시간은 어떻게 다를까요?

현재 시각
11시 10분

걸리는 시간
40분

만날 시각
11시 50분

160

일상생활에서는 시각과 시간을 구분하지 않고 시간으로 사용해요. 하지만 시각과 시간은 서로 다른 개념이에요. '시각'은 한 시점을 가리키는 말이고, '시간'은 시각과 시각 사이의 양을 나타내는 말이에요.

그러므로 지금 시각인 11시 10분은 '시각'(현재의 시점이기 때문에), 수영장까지 가는 데 걸리는 40분은 '시간'(현재부터 수영장에 도착하는 시점 사이의 양이기 때문에), 수영장에서 친구와 만나는 11시 50분은 '시각'이라고 해야 해요.

개념 플러스

시각과 시간, 더하고 뺄 수 있을까요?

(시각) − (시각) = (걸린 시간)

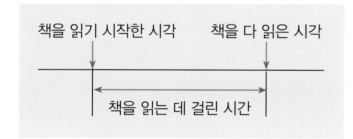

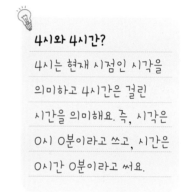

4시와 4시간?

4시는 현재 시점인 시각을 의미하고 4시간은 걸린 시간을 의미해요. 즉, 시각은 0시 0분이라고 쓰고, 시간은 0시간 0분이라고 써요.

시각은 한 시점을 의미해요. 어떤 한 시점과 또 다른 한 시점끼리는 더할 수 없어요. 하지만 어떤 한 시점에서 또 다른 한 시점을 뺄 수는 있어요.

책을 읽기 시작한 시각에서 책을 다 읽은 시각을 더하는 것은 아무 의미가 없지만, 책을 다 읽은 시각에서 책을 읽기 시작한 시각을 빼면 책을 읽는 데 걸린 시간을 알 수 있어요.

(시각) + (시간) = (시각), (시각) − (시간) = (시각)

한 시점에서 시각과 시각 사이의 양인 시간을 더하거나 빼면 또 다른 시점인 시각을 구할 수 있어요. 즉, 시각에서 시간을 더하거나 빼는 건 가능해요. 또한, 시각과 시각 사이의 양인 시간끼리도 서로 더하고 뺄 수 있어요.

시간의 덧셈과 뺄셈 유형

(시간) + (시간) = (시간)	(시간) − (시간) = (시간)
수영한 시간 1시간 10분 / 축구한 시간 2시간 30분 / 수영과 축구를 한 시간 3시간 40분	 내 운동 시간 2시간 50분 / 동생 운동 시간 1시간 10분 / 나와 동생의 운동 시간 차이 1시간 40분
1시간 10분 + 2시간 30분 = 3시간 40분	2시간 50분 − 1시간 10분 = 1시간 40분
수영한 시간과 축구한 시간을 더하면 운동하며 보낸 시간이 총 3시간 40분이라는 것을 알 수 있어요.	내 운동 시간에서 동생과 함께한 운동 시간을 빼면 내가 1시간 40분 더 많이 운동을 했다는 것을 알 수 있어요.

(시각) + (시간) = (시각)	(시각) − (시간) = (시각)
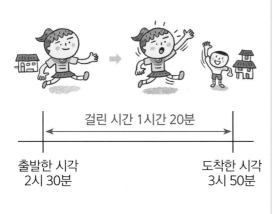 걸린 시간 1시간 20분 / 출발한 시각 2시 30분 / 도착한 시각 3시 50분	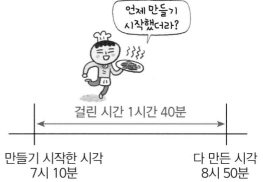 언제 만들기 시작했더라? / 걸린 시간 1시간 40분 / 만들기 시작한 시각 7시 10분 / 다 만든 시각 8시 50분
2시 30분 + 1시간 20분 = 3시 50분	8시 50분 − 1시간 40분 = 7시 10분
출발한 시각에서 걸린 시간을 더하면 친구네 집에 도착한 시각을 알 수 있어요.	떡볶이를 다 만든 시각에서 걸린 시간을 빼면 만들기 시작한 시각이 언제인지 알 수 있어요.

(시각) + (시각) = ?	(시각) − (시각) = (시간)
  버스에 탄 시각 1시 30분 　버스에서 내린 시각 2시 10분	 걸린 시간 1시간 40분 출발한 시각 7시 40분 　도착한 시각 9시 20분 9시 20분 − 7시 40분 = 1시간 40분
버스에 탄 시각과 내린 시각을 더하는 것은 아무런 의미가 없어요.	학교에 도착한 시각에서 출발한 시각을 빼면 가는 데 걸린 시간을 알 수 있어요.

개념 다지기

• 올바른 말에 동그라미 하세요.

(1) 경수가 책을 읽기 시작한 (시각, 시간)은 2시였습니다.

(2) 책을 다 읽고 나서 시계를 보니 그때의 (시각, 시간)이 4시였습니다.

(3) 경수가 책을 읽는 데 걸린 (시각, 시간)을 구해 보세요.

핵심 콕콕

시각은 한 시점, 시간은 시각과 시각 사이의 양!

1분은 100초?

나는 공원 트랙 한 번 도는 데 1분 30초 걸려. 130초지.

나는 125초면 다 도는데!

나보다 5초나 빠르잖아?

130초에서 5초 단축하는 거 쉽지. 힘을 내자.

개념 익히기

1시간=60분, 1분은?

1시간은 60분이고, 1분은 60초예요. 분침이 작은 눈금 한 칸을 지나는 데 1분이 걸리고, 초바늘이 작은 눈금 한 칸을 지나는 데는 1초가 걸려요. 즉, 초바늘이 시계를 한 바퀴 도는 데 걸리는 시간은 60초예요.

작은 눈금 한 칸 = 1초
1분 = 60초

1분 30초와 125초, 누가 더 빠를까요?

1분 30초 = 1분 + 30초 = 60초 + 30초 = 90초

1분 30초는 130초가 아니라 90초예요. 즉, 공원 트랙 한 바퀴를 1분 30초에 도는 것이, 125초 만에 도는 것보다 35초 더 빠른 것이죠.

개념 플러스

시간끼리 계산하는 방법

시는 시끼리, 분은 분끼리, 초는 초끼리

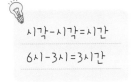

시각-시각=시간
6시-3시=3시간

```
    10시  40분
 +        3분   19초
────────────────────
    10시  43분   19초
```

```
       8분   40초
 -     3분   30초
────────────────────
       5분   10초
```

```
     6시  29분   15초
 -   3시  23분    7초
────────────────────
   3시간   6분    8초
```

```
       5분   45초
 +     1분   10초
────────────────────
       6분   55초
```

더할 때 60초는 1분으로 받아올리고, 60분은 1시간으로 받아올리기

```
       4분   52초
 +     1분   45초
────────────────────
       5분   97초
     →+1분←-60초
────────────────────
       6분   37초
```

60초를 1분으로 받아올림

```
     2시  39분   39초
 +  3시간  36분   35초
─────────────────────
     5시  75분   74초
              →+1분←-60초
   +1시간 ←-60분 ←
─────────────────────
     6시  16분   14초
```

60분을 1시간으로 받아올림

뺄 때 1분은 60초로 받아내리고, 1시간은 60분으로 받아내리기

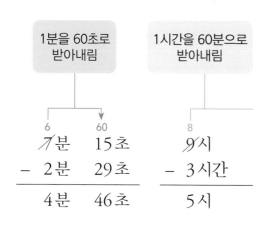

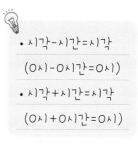

- 시각-시간=시각
  (○시-○시간=○시)
- 시각+시간=시각
  (○시+○시간=○시)

• 다음을 계산해 보세요.

(1)
```
    4분    20초
+   1분    10초
─────────────
   □분    □초
```

(2)
```
    6분    30초
−   3분    20초
─────────────
   □분    □초
```

(3)
```
    9시간   45분   50초
+   2시간   18분   23초
──────────────────
   □시간   □분   □초
```

(4)
```
   10시간   25분   36초
−   2시간   37분   45초
──────────────────
   □시간   □분   □초
```

1분은 60초, 1시간은 60분!

100mm=1cm?

···

cm보다 작은 길이의 단위 mm

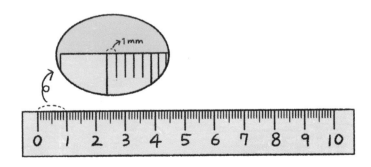

길이를 좀 더 정확히 재기 위해서는 cm보다 더 작은 단위가 필요하답니다.

167

그래서 1cm를 열 칸의 똑같은 작은 눈금으로 나누고 이 작은 눈금 한 칸의 길이를 '1mm'라고 정했어요. 즉, 10mm는 1cm예요. 그러므로 200mm는 2cm가 아니라 20cm이지요. 63빌딩은 20cm 정도로 크게 그렸어야 해요.

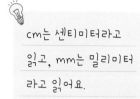

10mm = 1cm, 100mm = 10cm, 200mm = 20cm

펜의 길이를 재어 보았어요. 5cm보다 7mm 더 긴 것은 '5cm 7mm'라고 쓰고 '5센티미터 7밀리미터'라고 읽어요. 5cm 7mm를 mm로 나타내면 57mm예요.

5cm 7mm = 5cm + 7mm = 50mm + 7mm = 57mm

개념 플러스

cm보다 큰 길이의 단위는 없을까요?

cm보다 큰 길이의 단위로는 m와 km가 있어요. 1m는 100cm이고, 1km는 1000m예요.

1m = 100cm, 1km = 1000m

1km보다 200m 더 긴 거리는 '1km 200m'라고 쓰고 '1킬로미터 200미터'라고 읽어요. 1km 200m는 1200m예요.

1km 200m = 1km + 200m = 1000m + 200m = 1200m

길이의 단위 mm, cm, m, km의 관계

1km = 1000m, 1m = 100cm, 1cm = 10mm

km ←—1000배— m ←—100배— cm ←—10배— mm

1km = 1000m = 100000cm = 1000000mm

개념 다지기

• 크레파스의 길이는 몇 mm인가요? 빈칸에 알맞은 수를 넣어 보세요.

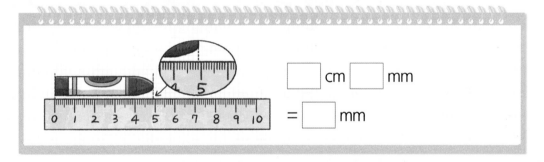

☐ cm ☐ mm

= ☐ mm

•• 집에서 학교까지의 거리는 2800m이고, 학교에서 문구점까지의 거리는 2000m입니다. 각각의 거리를 km를 사용하여 나타내 보세요.

(1) 집에서 학교까지의 거리 = 2800m = ☐ km ☐ m

(2) 학교에서 문구점까지의 거리 = 2000m = ☐ km

핵심
콕콕

10mm = 1cm, 100cm = 1m, 1000m = 1km!

22cm에서 7mm를 어떻게 빼요?

개념 익히기

같은 단위끼리 더하고 뺄 수 있어요

길이의 단위는 mm, cm, m, km 등 여러 가지가 있어요. 그런데 길이를 더하고 뺄 때는 같은 단위끼리 더하고 빼야 해요. mm는 mm끼리, cm는 cm끼리, m는 m끼리, km는 km끼리 더하고 빼야 하지요. 다른 단위라면 같은 단위로 바꿔 주는 과정이 필요해요.

22cm − 7mm를 계산해 볼까요?

$$\underline{22cm} - 7mm = \underline{220mm} - 7mm = 213mm$$

22cm = 220mm(1cm = 10mm이므로)

cm와 mm는 서로 단위가 달라요. 같은 단위로 만들어 주기 위해서는 cm를 mm로 바꾸거나 mm를 cm로 바꿔야 해요. 7mm는 cm로 바꾸기 어렵기 때문에 22cm를 mm 단위로 바꿔서 계산하는 것이 편해요. mm로 바꿔서 계산해 보니 동생의 발 길이는 213mm라는 것을 알 수 있어요.

$$213mm = \underline{210mm} + 3mm = \underline{21cm} + 3mm = 21cm\ 3mm$$

210mm = 21cm(10mm = 1cm이므로)

두 길이를 비교하고 싶을 때도 같은 단위로 바꾸어야 해요. 단위가 다른 213mm와 22cm를 한눈에 비교하기 어렵기 때문에, 213mm를 언니 발 길이 22cm와 같은 단위인 cm로 바꿔서 비교해 보아요. 동생의 발 길이를 213mm에서 21cm 3mm로 바꾸니 언니의 발 길이인 22cm와 비교하기 쉬워졌어요.

개념 플러스

받아올림과 받아내림을 이용한 계산

길이를 더하고 뺄 때는 cm는 cm끼리 mm는 mm끼리 계산해요. 이때, 1cm=10mm이므로 10mm를 1cm로 받아올림하고, 1cm는 10mm로 받아내림하여 더하고 뺄 수 있어요.

받아올림을 이용한 계산

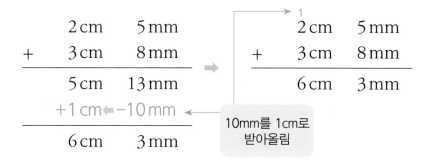

받아내림을 이용한 계산

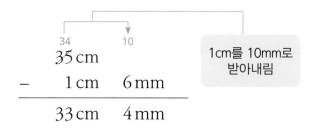

받아올림과 받아내림을 이용한 다양한 단위의 계산

m와 cm의 받아올림 계산

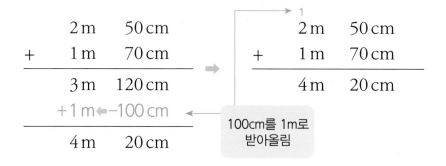

m와 cm의 받아내림 계산

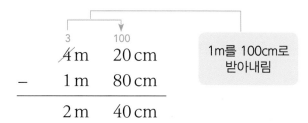

km와 m의 받아올림 계산

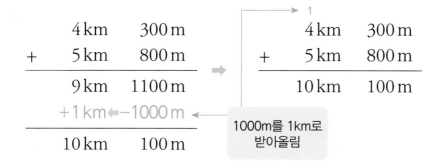

km와 m의 받아내림 계산

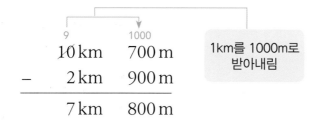

• 다음을 계산해 보세요.

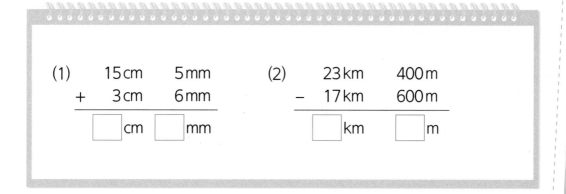

(1)
```
     15 cm    5 mm
 +    3 cm    6 mm
   ┌──┐cm ┌──┐mm
   └──┘   └──┘
```

(2)
```
     23 km   400 m
 −   17 km   600 m
   ┌──┐km ┌──┐m
   └──┘   └──┘
```

핵심
콕콕

mm는 mm끼리, cm는 cm끼리, m는 m끼리, km는 km끼리
더하고 빼요!

물 한 컵, 얼마만큼인가요?

개념 익히기

정확한 물의 양을 측정하기 위해 만들어진 들이의 단위

아이는 둘 다 물 한 컵에 코코아 한 봉지를 탔는데 맛이 달랐어요. 같은 물 한 컵이라도 컵의 크기에 따라 담긴 물의 양이 달랐기 때문이에요. 한 아이의 컵은 너무 커서 코코아가 연해졌고, 다른 아이의 컵은 너무 작아서 코코아가 진해지고 말았어요.

> 들이는 '들이다'에서 온 개념으로 들어 있는 양을 의미해요. 물이나 기름과 같이 부피를 용기에 담아서 잴 수밖에 없는 경우에 사용하는 단위예요. 즉, 들이는 용기의 내부 공간에 액체를 담을 수 있는 양을 의미하는 것이에요.

174

이렇게 아무 컵에나 물을 가득 채워서 코코아를 타 먹으면 맛있게 먹을 수 있는 정확한 물의 양을 알 수 없어요. 그래서 누구나 같은 양의 물을 담을 수 있도록 물의 양을 정확하게 측정할 수 있는 들이의 단위, 'mL'와 'L'가 만들어졌어요.

L와 mL의 양은 얼마큼일까요?

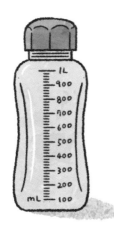

우리가 흔히 볼 수 있는 1L 물병이에요. 물병에 적힌 1L 선까지 물을 채우면 물통 안에 들어 있는 물의 양이 1L가 되는 것이지요. 그렇다면 1mL는 얼마큼의 양을 말하는 것일까요?

우리가 매일 먹는 우유를 자세히 보면 200mL라고 적혀 있어요. 즉, 우유갑 하나에 들어 있는 우유 양이 200mL라는 뜻이에요. 1mL는 200mL 안에 있는 우유를 200방울로 나눈 것 중의 한 방울일 것이에요. 아마 1mL는 물 한 방울 정도의 양이겠죠?

L와 mL는 어떤 관계가 있을까요?

= 1000mL = 1L

L는 mL보다 큰 단위예요. 200mL 우유 5개는 1000mL고, 1000mL는 1L로 표현할 수 있어요. 작은 물방울인 1mL가 1000개 모이면 1L가 되는 것이죠. 즉, 1L= 1000mL예요.

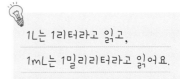

1L는 1리터라고 읽고, 1mL는 1밀리리터라고 읽어요.

1L = 1000mL

1L 500mL는 1L와 500mL가 합쳐진 양

$$1L\ 500mL = \underline{1L} + 500mL = \underline{1000mL} + 500mL = 1500mL$$

1L = 1000mL

1L 500mL는 1L와 500mL가 합쳐진 양이에요. 즉, 1L=1000mL이므로 1L 500mL는 1500mL가 되지요. 마찬가지로 2L 300mL는 2L와 300mL가 합쳐진 양이에요. 2L는 2000mL이므로 2L 300mL는 2300mL가 되어요.

개념 플러스

받아올림과 받아내림을 이용한 L와 mL의 계산

```
    2L    300 mL          8L    900 mL
+   3L    400 mL      −   3L    700 mL
─────────────────        ─────────────────
    5L    700 mL          5L    200 mL
```

들이의 단위도 서로 더하고 뺄 수 있어요. 대신 L는 L끼리 mL는 mL끼리 더하고 빼야 해요. 1L=1000mL인 것을 이용해서 1000mL는 1L로 받아올리고, 1L는 1000mL로 받아내려서 계산해요.

받아올림을 이용한 계산

```
    6L    600 mL                       1
+   2L    700 mL                   6L    600 mL
─────────────────             +   2L    700 mL
    8L    1300 mL        ⇒     ─────────────────
  +1L ← −1000 mL                   9L    300 mL
─────────────────
    9L    300 mL
```

1000mL를 1L로 받아올림

176

받아내림을 이용한 계산

$$
\begin{array}{r}
\overset{2}{\cancel{3}}\text{L} \quad \overset{1000}{200}\,\text{mL} \\
-\quad 1\,\text{L} \quad 600\,\text{mL} \\
\hline
1\,\text{L} \quad 600\,\text{mL}
\end{array}
$$

1L를 1000mL로
받아내림

개념 다지기

• 안에 알맞은 수를 써 보세요.

(1) 3L = [ ] mL   (2) 1500mL = [ ] L [ ] mL

(3) 2040mL = [ ] L [ ] mL   (4) 4L 300mL = [ ] mL

•• 다음을 계산해 보세요.

$$
\begin{array}{ccc}
(1) & 5\,\text{L} & 300\,\text{mL} \\
- & 1\,\text{L} & 800\,\text{mL} \\
\hline
& [\ ]\,\text{L} & [\ ]\,\text{mL}
\end{array}
$$

$$
\begin{array}{ccc}
(2) & 4\,\text{L} & 600\,\text{mL} \\
+ & 2\,\text{L} & 700\,\text{mL} \\
\hline
& [\ ]\,\text{L} & [\ ]\,\text{mL}
\end{array}
$$

핵심
콕콕

들이의 단위는 L와 mL, 1L=1000mL,

L는 L끼리 mL는 mL끼리 계산!

1L=1kg, 1mL=1g이니까 들이와 무게는 같은 단위?

1L=1kg일까요?

무게와 들이는 다른 단위예요. 들이는 용기에 담겨진 물의 양이고 무게는 무거운 정도를 의미해요. 누구나 같은 양의 물을 담을 수 있도록 L와 mL가 만들어진 것처럼 누가 들어도 똑같은 무게를 측정하기 위해 무게의 단위가 필요했어요. 그런데 만드는 과정에서 문제가 있었어요.

들이나 길이 같은 단위는 이만큼을 1L나 1cm로 쓰자고 양이나 길이를 직접 보여 주면 되는데, 무게는 모든 사람이 똑같은 무게로 느끼려면 어떻게 해야 하는지 알기 힘들었어요. 무게는 일단 들어 봐야 무거운 정도를 느낄 수 있고 눈으로 봐서는 "얼마큼의 무게겠다."라고 감을 잡을 수 없었거든요.

무게의 단위를 사람들끼리 어떻게 약속해서 써야 할지 고민 끝에 이미 만들어진 단위를 가져와서 이용하기로 했어요. 물1L의 무게를 1kg으로 하자고 약속한 거죠. 사실 우유 1L를 저울에 달면 1kg이 되지 않아요. 즉, 1L=1kg은 물일 때만 맞고, 다른 물체의 경우에는 1L=1kg이 아니에요.

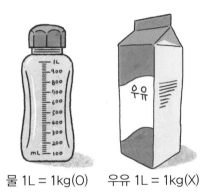

물 1L = 1kg(O)   우유 1L = 1kg(X)

개념 플러스

1L=1kg이 정확하게 맞는 순간이 있다고요?

물1L의 무게를 1kg으로 하자고 약속하고 물 1L의 무게를 1kg으로 사용했어요. 그런데 과학이 발달하면서, 같은 물 1L라 하더라도 온도에 따라 무게가 달라진다는 것을 알게 되었어요. 즉, 90℃의 물 1L와 2℃의 물 1L의 무게가 달랐

> 물 분자는 온도에 따라 서로 모여 있는 정도가 달라요. 같은 부피에서 물 분자가 가장 많이 모여 있는 물의 온도가 4℃였어요. 그래서 4℃의 물 1L를 1kg으로 정했어요.

던 것이지요. 이런 이유 때문에 1kg에 대한 좀 더 정확한 약속이 필요했어요. 그래서 1977년, 4℃의 물 1L를 1kg으로 하자고 좀 더 구체적인 약속을 정했어요.

들이와 무게는 같지 않아요

들이와 무게는 서로 다른 것을 나타내는 단위예요. 단지, 모든 사람이 두루 두루 알기 쉽도록 특정 온도일 때의 물의 무게(1L)를 이용해서 무게(1kg)를 재도록 한 것이지요. 그래서 4℃ 물의 경우에만 1L=1kg이 되는 것이에요.

1kg은 4℃ 물 1L의 무게이고, 1g은 1kg의 $\frac{1}{1000}$ 이에요. 4℃ 물 1mL는 1g 이지만 물이 아닌 다른 물질은 1mL와 1g의 무게가 같지 않아요. 즉, 특별히 4℃의 물만 무게의 단위 kg과 g, 들이의 단위 L와 mL의 수치가 같아지는 것 이랍니다.

• 알맞은 말에 〇하세요.

(1) 기름 1L는 1kg이다.　(　　　)

(2) 무게와 들이는 다른 단위이다.　(　　　)

(3) 4℃의 물만 1L = 1kg이다.　(　　　)

　무게와 들이는 다른 단위!

1kg 45g=145g?

개념 익히기

1kg은 100g? 1000g?

1kg = 1000g

1g은 1kg의 $\dfrac{1}{1000}$ 이에요. 즉, $1g=\dfrac{1}{1000}kg$이고 1kg=1000g이지요. 그렇다면 엄마가 가지고 오라고 한 밀가루 1kg 45g은 몇 g일까요?

$$1\text{kg } 45\text{g} = 1\text{kg} + 45\text{g} = 1000\text{g} + 45\text{g} = 1045\text{g}$$

1kg = 1000g

위 계산에서 확인할 수 있듯이 1kg 45g은 1045g이에요. 아이는 1045g의 밀가루를 가져가야 했어요.

개념 플러스

g보다 큰 단위인 kg은 무조건 더 무겁다?

kg은 g보다 큰 단위예요. 그래서 kg을 좀 더 무거운 물체의 무게 단위로 사용하고, g은 좀 더 가벼운 물체의 무게 단위로 사용해요. 이러한 특성 때문에 kg이 g보다 무조건 무겁다고 생각하는 친구들이 있어요. 0.8kg과 2000g이 있으면 0.8kg이 2000g보다 더 무겁다고 생각하는 것이죠.

kg과 g은 모두 무게를 나타낼 때 사용하는 단위지만, 무게를 비교할 때는 같은 단위끼리 비교해야 해요. kg은 kg끼리, g은 g끼리 비교해야 하는 것이지요. 그래서 0.8kg을 g으로 바꿔 주거나, 2000g을 kg으로 바꿔 줘야 해요. 같은 단위로 바꾸면 0.8kg이 2000g보다 작다는 것을 알 수 있어요.

$$0.8\text{kg} = 800\text{g} \langle 2000\text{g} \qquad 0.8\text{kg} \langle 2\text{kg} = 2000\text{g}$$

1kg = 1000g   1kg = 1000g

더하고 뺄 때도 같은 단위로 바꾸기

무게를 더하고 뺄 때도 kg은 kg끼리, g은 g끼리 더하고 빼야 해요. 또한, 1kg=1000g이기에 1000g은 1kg으로 받아올림하고 1kg은 1000g으로 받아내림하여 더하고 뺄 수 있어요.

받아올림이 없을 때

	kg	g
	7 kg	300 g
+	2 kg	400 g
	9 kg	700 g

받아올림이 있을 때

	kg	g
	6 kg	700 g
+	2 kg	800 g
	8 kg	1500 g
	+1 kg ← −1000 g	
	9 kg	500 g

$\Rightarrow$

```
              1
      6 kg    700 g
 +    2 kg    800 g
─────────────────────
      9 kg    500 g
```

1000g을 1kg으로 받아올림

받아내림이 없을 때

	kg	g
	4 kg	900 g
−	3 kg	600 g
	1 kg	300 g

받아내림이 있을 때

```
      3    1000
      4 kg    500 g
 −            800 g
─────────────────────
      3 kg    700 g
```

1kg을 1000g으로 받아내림

개념 다지기

• 무거운 순서대로 써 보세요.

㉮ 5000g ㉯ 2kg 300g ㉰ 1650g ㉭ 1kg 75g

핵심 콕콕

1kg = 1000g, kg은 kg끼리 g은 g끼리 비교!

135 이상은 135보다 큰 수?

4학년 2학기
4. 어림하기

135cm 이상만 탈 수 있대. 전에 134cm였는데, 컸을까?

운명에 맡겨 봐. 어차피 나는 130cm라서 확실히 못 타.

아, 떨려.

딱 135cm네요. 통과!

와! 나 타고 올게!

그래, 재밌겠다.

![개념 익히기]

'이상'과 '이하'를 알아보아요

이상

130 131 132 133 134 135 136 137 138 139

135, 135.2, 143.5 등과 같이 135보다 크거나 같은 수를 '135 이상인 수'라고 해요. 즉, '어떤 수 이상'은 어떤 수까지 포함하는 것이에요. 그러므로 키가 딱 135cm인 아이도 청룡열차를 탈 수 있어요.

이하

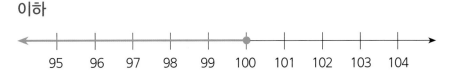

놀이동산에 가면 '키 100cm 이하는 보호자와 함께 탑승'이라는 문구를 많이 볼 수 있어요. '100 이하'는 100, 98.5, 95 등과 같이 100보다 작거나 같은 수를 나타내요.

우리가 흔히 일상생활에서 사용하는 '~부터 ~까지'는 '~이상 ~이하'와 같은 표현이에요. '7세부터 12세까지 이용 가능'은 '7세 이상 12세 이하 이용 가능'이라는 뜻이에요.

어떤 수 이상
어떤 수 이하 ➡ 어떤 수까지 포함

'초과'와 '미만'을 알아보아요

초과

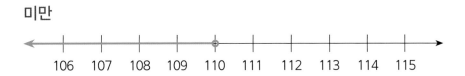

'몸무게 40kg 초과는 탈 수 없음'이라는 문구에서 '40kg 초과'는 40.1, 41, 42.3 등과 같이 40보다 큰 수를 나타내요.

미만

'키 110cm 미만은 탈 수 없음'에서 '110cm 미만'은 109.9, 108, 107.5 등과 같이 110보다 작은 수를 나타내요.

어떤 수 초과
어떤 수 미만 ➡ 어떤 수를 포함하지 않음

개념 플러스

정리해서 한번에 알아볼까요?

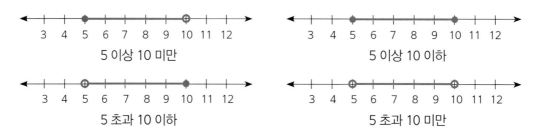

이상은 '같거나 큼', 이하는 '같거나 작음', 초과는 '~보다 큼', 미만은 '~보다 작음'을 의미해요.

- 아이들의 독서록 권수입니다. 각각 어떤 상을 받을지 표로 완성해 보세요.

| 기준 | • 금상: 30권 이상   • 은상: 20권 이상 30권 미만
• 동상: 10권 이상 20권 미만 |

이름	독서록 권수	상
연희	10	
동석	30	
장미	20	
소정	25	

 이상은 '같거나 큼', 이하는 '같거나 작음', 초과는 '~보다 큼', 미만은 '~보다 작음'!

반올림과 올림은 같은 말 아닌가요?

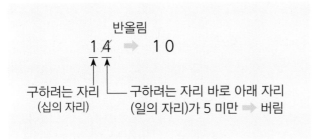

개념 익히기

반올림이 뭘까요?

$$
\overset{\text{반올림}}{1\underline{4}} \;\Rightarrow\; 10
$$

구하려는 자리
(십의 자리)

구하려는 자리 바로 아래 자리
(일의 자리)가 5 미만 → 버림

구하려는 자리 바로 아래 자리의 숫자가 0, 1, 2, 3, 4(5 미만)면 버리고, 5,

6, 7, 8, 9(5 이상)면 올리는 방법을 '반올림'이라고 해요. 14를 십의 자리까지 나타내기 위해 반올림할 때는 십의 자리 바로 아래 자리인 일의 자리 숫자를 확인해야 해요. 일의 자리 숫자가 5 미만인 수 4이기 때문에 일의 자리를 버리면 10이 됩니다. 즉, 14를 십의 자리까지 나타내기 위해 반올림하면 10이에요.

반올림은 왜 필요할까요?

'수학 마을의 인구는 387643명입니다.'와 '수학 마을의 인구는 39만 명입니다.' 중 더 쉽게 알아볼 수 있는 것은 뒤에 나온 39만 명이에요. 387643명보다 39만 명이라는 수치가 한눈에 확 들어오는 것이죠. 이처럼 어떤 수치를 나타낼 때 보다 쉽게 알아보기 위해 반올림을 써요.

개념 플러스

수를 간단히 나타내는 또 다른 방법

올림

올림은 구하려는 자리 미만의 수를 올려서 나타내는 것이에요. 214를 십의 자리 미만으로 올림(십의 자리까지 나타내기 위해 올림)하면, 220이에요. 이때, 십의 자리 미만으로 올림이라는 말은 십의 자리 미만의 수를 올려서 십의 자리까지 나타내라는 뜻이에요. 만약 214를 백의 자리 미만으로 올림하면 300이 돼요.

버림

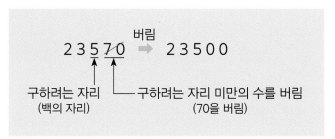

버림은 구하려는 자리 미만의 수를 버리는 것이에요. 23570을 백의 자리 미만으로 버림(백의 자리까지 나타내기 위해 버림)하면 23500이에요. 이때, 백의 자리 미만으로 버림이라는 말은 백의 자리 미만의 수를 버려서 백의 자리까지 나타내라는 뜻이에요. 23570을 천의 자리 미만으로 버림하면 23000이고, 만의 자리 미만으로 버림하면 20000이 돼요.

• 저금통에 80540원이 들어 있습니다. 올림, 버림, 반올림하여 천의 자리까지 나타내 보세요.

수	올림	버림	반올림
80540			

반올림은 구하려는 자리 바로 아래 숫자가 5 미만이면 버리고, 5 이상이면 올림!

6

통계

조사한 수를 그림으로 나타낸 그래프

조사한 수를 막대 모양으로 나타낸 그래프

변화하는 양을 점과 선으로 나타낸 그래프

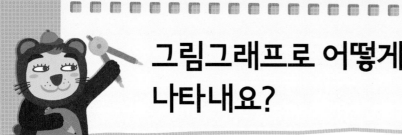

그림그래프로 어떻게 나타내요?

개념 익히기

그림그래프가 뭘까요?

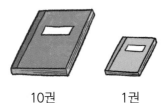

10권   1권

그림으로 자료를 나타내는 것을 '그림그래프'라고 해요. 그림그래프로 나타내면 자료의 수와 크기를 한눈에 비교할 수 있답니다.

그림그래프 옆에는 그림 하나가 뜻하는 개수가 몇인지 나와 있어요. 그림의 크고 작음에 따라 자료의 양이 달라지므로 그림 크기에 따른 수가 몇인지 꼭 살펴보아야 해요. 만화의 그림그래프 옆에는 큰

192

책은 열 권, 작은 책은 한 권을 뜻한다고 나와 있어요. 이에 따라 1반, 2반, 3반, 4반이 빌려 간 책의 수를 표로 나타내면 다음과 같아요.

반	1반	2반	3반	4반
책의 수	57	46	82	23

빌려 간 책의 수

그림그래프와 달리 표로 나타내면 각각의 수를 더 쉽게 알 수 있어요. 하지만 자료의 크기가 클수록 표보다는 그림그래프가 더 편리하답니다.

개념 플러스

표를 그림그래프로 나타내요

마을	푸른	한빛	솔빛
생산량(상자)	3220	2300	3100

사과 생산량

① 그림을 몇 가지로 나타낼 것인지 정해요.
② 어떤 그림으로 나타낼 것인지 정해요.
③ 조사한 수에 맞도록 그림을 그려요.

마을별 생산량이 천의 자리, 백의 자리, 십의 자리까지 보여 주고 있기 때문에 천의 자리를 나타낼 1000상자 그림, 백의 자리를 나타낼 100상자 그림, 십의 자리를 나타낼 10상자 그림 이렇게 각각 다른 크기의 그림 3개가 필요해요. 사과 생산량을 보여 주는 표이므로 우리는 사과 그림으로 표현해 그림그래프를 그려 보아요.

마을	사과 생산량

사과 생산량

마을	생산량
푸른	🍎🍎🍎🍎🍎🍎🍎
한빛	🍎🍎🍎🍎🍎
솔빛	🍎🍎🍎🍎

🍎 1000상자
🍎 100상자
🍎 10상자

그림그래프로 나타내니 한눈에 자료를 비교하기 더 쉬워졌어요. 푸른마을, 솔빛마을, 한빛마을 순으로 생산량이 많아요. 그래프로 나타낸 후 그래프를 해석하는 것도 중요하답니다.

개념 다지기

• 다음 그림그래프를 보고 알 수 있는 것이 무엇인지 써 보세요.

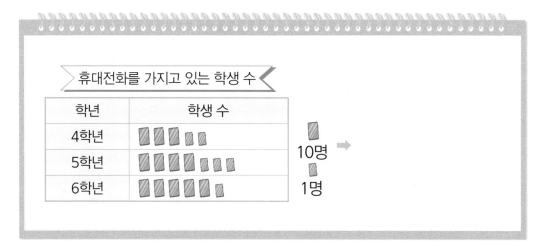

휴대전화를 가지고 있는 학생 수

학년	학생 수
4학년	▮▮▮▮▯
5학년	▮▮▮▮▯▯
6학년	▮▮▮▮▯▯

▮ 10명 →
▯ 1명

 그림그래프로 나타내거나 해석할 때는 그림 크기에 따른 수가 얼마인지 꼭 확인!

막대그래프로 어떻게 나타내요?

개념 익히기

막대그래프가 뭘까요?

줄넘기 횟수를 막대그래프를 이용해 나타내었어요. 그랬더니 누가 가장 많이 하고, 누가 가장 적게 했는지 한눈에 비교가 가능해졌어요. 이렇게 조사한 수를 막대 모양으로 나타낸 그래프를 '막대그래프'라고 한답니다. 크기를 한눈에 쉽게 비교할 수 있어서 자주 사용하지만 자료의 합계를 한눈에 알아보기는 어려워요. 막대그래프의 가로와 세로를 바꾸어 아래처럼 가로로 된 막대그래프로 나타낼 수도 있어요. 아무거나 더 편한 것으로 사용하면 된답니다.

조사한 수를 나타내는 눈금은 조사한 수 중 가장 큰 수보다 적어도 한 칸 또는 두 칸 정도 더 나타낼 수 있게 그려요.

개념 플러스

막대그래프로 나타내 보아요

① 가로와 세로 중 어느 쪽에 조사한 수를 나타낼 것인지 정해요.

② 눈금 한 칸의 크기를 정하고 조사한 수 중에서 가장 큰 수를 나타낼 수 있도록 눈금의 수를 정해요.

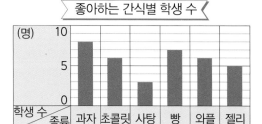

③ 조사한 수에 맞게 막대를 그리고, 막대그래프에 알맞은 제목을 붙여요.

막대그래프처럼 한눈에 보기 쉬웠던 나이팅게일의 장미그래프

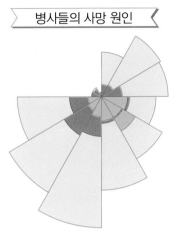

병사들의 사망 원인

□ 세균성 질병 ▨ 부상 ■ 그 밖의 원인

나이팅게일은 1854년 4월부터 1855년 3월까지 병사들의 사망 원인을 그래프로 나타냈어요. 이를 바탕으로 세균성 질병의 치료와 관리에 보다 신경을 쓰게 되었답니다. 그래서 5개월 만에 사망률을 42%에서 2%로 줄일 수 있었어요.

개념 다지기

• 학생들의 대화를 보고 찢어진 그래프를 완성해 보세요.

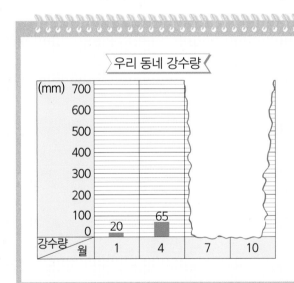

우리 동네 강수량

수연: 7월 강수량은 4월보다 575mm 많아.

가연: 1월 강수량은 10월보다 5mm 많아.

핵심 콕콕 막대그래프는 크기를 비교할 때 사용!

꺾은선그래프로 어떻게 나타내요?

4학년 2학기
5. 꺾은선그래프

개념 익히기

꺾은선그래프가 뭘까요?

꺾은선그래프는 연속적으로 변화하는 양을 점으로 찍고, 그 점들을 선분으로 연결하여 나타낸 그래프를 말해요. 온도, 키, 몸무게, 물의 양 등의 변화를 나타낼 때 사용한답니다. 필요 없는 부분은 물결(~)모양으로 표현해 생략하기도 해요.

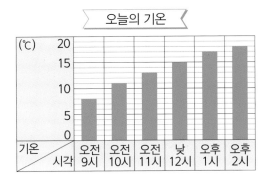

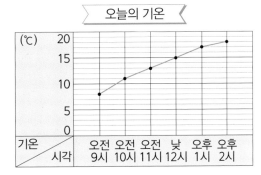

오늘의 기온을 막대그래프와 꺾은선그래프로 나타내 보았아요. 오전 10시 30분은 몇 도였을지 알고 싶다면 어떤 그래프를 봐야 할까요? 막대그래프는 주로 크기를 비교할 때 사용하기 때문에 변화를 살펴보는 것은 어려워요. 하지만 꺾은선그래프는 오전 10시와 오전 11시 사이의 온도 변화를 보고 예측할 수 있어요.

개념 플러스

꺾은선그래프로 나타내 보아요

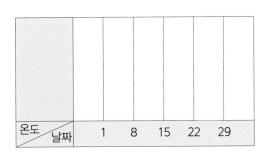

① 가로 눈금과 세로 눈금을 무엇으로 할지 정해요.

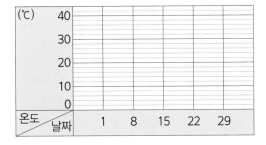

② 세로 눈금 한 칸의 크기를 정해요.

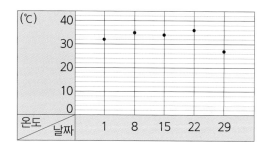

③ 가로 눈금과 세로 눈금이 만나
는 자리에 점을 찍어요.

우리 지역의 8월 기온 변화

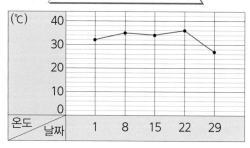

④ 점들을 선분으로 연결하고,
꺾은선그래프에 알맞은 제목을
붙여요.

통계그래프끼리 비교해 보아요

그림그래프

마을별 포도 생산량

마을	상자 수
무궁화	🍇🍇🍇 🍇🍇🍇🍇🍇🍇🍇
개나리	🍇🍇🍇🍇🍇 🍇🍇🍇
진달래	🍇🍇🍇🍇 🍇🍇🍇🍇🍇🍇

🍇 10상자 🍇 1상자

그림을 이용해서 나타내기 때문
에 지역이나 위치에 따라 수량의 많
고 적음을 한눈에 알 수 있어요.

막대그래프

우리 반이 좋아하는 과일

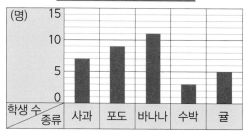

① 각각의 크기를 비교할 때 써요.
② 수치의 크기를 정확하게 나타낼
수 있어요.
③ 전체적인 자료의 내용을 알아보
기 편리해요.

꺾은선그래프

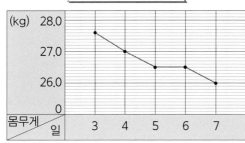

① 시간에 따른 변화를 알아보기 좋아요.

② 늘어나고 줄어드는 상태를 알기 편해요.

③ 조사하지 않은 중간값도 짐작할 수 있어요.

개념 다지기

• 꺾은선그래프로 나타내기 좋은 것에 ○해 보세요.

(1) 학교별 학생 수   (   )

(2) 나이별 나의 키   (   )

(3) 개월 수에 따른 아기 몸무게   (   )

(4) 일주일 동안 양동이의 물이 줄어든 양   (   )

(5) 올림픽에서 나라별 금메달 수   (   )

(6) 친구들이 좋아하는 간식   (   )

(7) 하루 동안 기온의 변화   (   )

핵심 콕콕

변화에 따른 수량을 나타내고 싶다면 꺾은선그래프를 이용!

★ ★

개념 다지기

정답

1 자연수

16쪽

$$\begin{array}{r} \boxed{1}\\ 4\ 7\ 6\\ +\ 5\ 4\ 8\\ \hline \boxed{4}\end{array} \Rightarrow \begin{array}{r}\boxed{1}\ \boxed{1}\\ 4\ 7\ 6\\ +\ 5\ 4\ 8\\ \hline \boxed{2}\ \boxed{4}\end{array} \Rightarrow \begin{array}{r}\boxed{1}\ \boxed{1}\\ 4\ 7\ 6\\ +\ 5\ 4\ 8\\ \hline \boxed{1}\ \boxed{0}\ \boxed{2}\ \boxed{4}\end{array}$$

자리 수끼리의 합이 10이거나 10보다 큰 수는 바로 윗자리로 받아올려서 계산해요.

19쪽

$$\begin{array}{r}\boxed{1}\ \boxed{10}\\ 1\ 3\ 2\ 4\\ -\ \ 5\ 6\ 8\\ \hline \boxed{6}\end{array} \Rightarrow \begin{array}{r}\boxed{2}\ \boxed{11}\ \boxed{10}\\ 1\ 3\ 2\ 4\\ -\ \ 5\ 6\ 8\\ \hline \boxed{5}\ \boxed{6}\end{array} \Rightarrow \begin{array}{r}\boxed{12}\ \boxed{11}\ \boxed{10}\\ 1\ 3\ 2\ 4\\ -\ \ 5\ 6\ 8\\ \hline \boxed{7}\ \boxed{5}\ \boxed{6}\end{array}$$

자리 수끼리 뺄 수 없는 수는 바로 윗자리에서 10을 받아내려 계산해요.

22쪽

● 색종이 12장을 3명에게 똑같이 나누어 주면 한 사람이 4장씩 가질 수 있고, 4장씩 나누어 주면 3명에게 줄 수 있다.

전체 색종이: $6 \times 2 = 12$
색종이 12장을 3명에게 똑같이 나누어 주면:
$12 \div 3 = 4$
색종이 12장을 4장씩 나누어 주면: $12 \div 4 = 3$

25쪽

● $\boxed{3} \times \boxed{4} = \boxed{1}\boxed{2} \Rightarrow \boxed{1}\boxed{2} \div \boxed{3} = \boxed{4}$
$\boxed{4} \times \boxed{3} = \boxed{1}\boxed{2} \Rightarrow \boxed{1}\boxed{2} \div \boxed{4} = \boxed{3}$

●● 곱셈식: $5 \times \boxed{3} = 15$
나눗셈식: $15 \div \boxed{5} = \boxed{3}$
$15 \div \boxed{3} = \boxed{5}$

28쪽

7	56	8	3	24	8	2	6	3
3	27	9	5	30	6	5	10	2
4	32	8	9	63	7	6	36	6

●● 8

31쪽

● 0, 6

나머지가 없는 나눗셈의 검산식으로 나타내면 $6 \times$ (몫)=9□이에요. 6과 곱해서 십의 자리 숫자가 9인 경우는 $6 \times 15 = 90$, $6 \times 16 = 96$입니다.

34쪽

● $$\begin{array}{r} 2\ 3\\ \times\ \ \ 8\\ \hline \boxed{1\ 6\ 0}\\ 2\ 4\\ \hline \boxed{1\ 8\ 4}\end{array} \qquad \begin{array}{r} 2\ 3\\ \times\ \ \ 8\\ \hline \boxed{2\ 4}\\ 1\ 6\ 0\\ \hline \boxed{1\ 8\ 4}\end{array}$$

37쪽

● $$\begin{array}{r} \boxed{2}\ 6\\ \times\ \ \ \boxed{4}\\ \hline 1\ 0\ 4\end{array}$$

6과 곱해서 일의 자리가 4인 수는 '4'예요. (9를 곱해도 일의 자리가 4가 되지만, 십의 자리 빈칸의 답이 1이어도 나오는 값이 104를 넘기 때문에 답이 되지 못합니다.) $6 \times 4 = 24$이므로 숫자 2를 십의 자리로 올림해야 해요. 따라서 십의 자리는 4와 곱해서 8이 되는 '2'예요.

40쪽

● (1) 3…10 (2) 3…16
(3) 3…4 (4) 2…11

43쪽

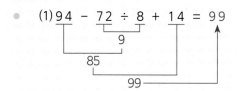

- (1) $9\ 4\ -\ 7\ 2\ \div\ 8\ +\ 1\ 4\ =\ 9\ 9$

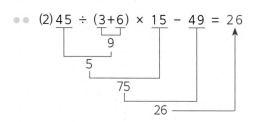

- ● (2) $4\ 5\ \div\ (3+6)\ \times\ 1\ 5\ -\ 4\ 9\ =\ 2\ 6$

46쪽

- $13570 = \boxed{10000} + \boxed{3000} + \boxed{500} + \boxed{70}$
- ● 77707

왼쪽에서부터 밑줄 친 숫자 7이 나타내는 값은 7, 70000, 7000, 700이에요. 7+70000+7000+700은 77707이에요.

49쪽

- (1) 오백삼십육만 칠천오백사십육
  (2) 삼천백오십이만 칠천육백칠십사

51쪽

- (1) 〉

4136만 8380 〉 3851만 1569
자릿수가 같기 때문에 높은 자릿값의 숫자부터 비교해요.

(2) 〈

72조 3750억 2388만 9617
〈 540조 6378억 5003만 2418
자릿수가 다를 때는 자릿수가 더 많은 쪽의 수가 더 커요.

2 분수

56쪽

- (1) 8, 3   (2) $\dfrac{3}{8}$

59쪽

- $2\div7$, $\dfrac{2}{7}$
- ● ● $5\div11$, $\dfrac{5}{11}$

62쪽

- (1) 〈   (2) 〈   (3) 〉

분모가 같은 분수끼리 비교할 때는 분자가 크면 더 큰 수예요.

- ● ● (1) 5   (2) $\dfrac{12}{17}$

65쪽

- (1) 〉   (2) 〉   (3) 〈

단위분수끼리 비교할 때는 분모가 작을수록 더 큰 분수예요.

68쪽

-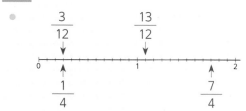

0~1까지 12등분되어 있는 수직선이에요. 열두 칸을 세 칸씩 묶으면 4등분되어 $\dfrac{1}{4}$을 나타낼 수 있어요.

크기가 다른 분수: $\dfrac{3}{24}$

0~1까지 24등분되어 있는 수직선이에요. 열두 칸씩 묶으면 2등분, 네 칸씩 묶으면 6등분, 세 칸씩 묶으면 8등분, 두 칸씩 묶으면 12등분이 되어 각 분수를 나타낼 수 있어요.

- 6개

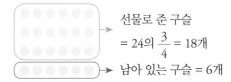

선물로 준 구슬
= 24의 $\dfrac{3}{4}$ = 18개

남아 있는 구슬 = 6개

$24 \div 4 \times 3 = 18$
$24 - 18 = 6$

- $\dfrac{4}{7}$

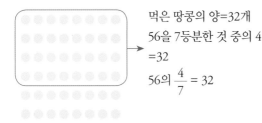

먹은 땅콩의 양=32개
56을 7등분한 것 중의 4
=32
56의 $\dfrac{4}{7}$ = 32

- (1) $\dfrac{30}{7}$　　(2) $\dfrac{15}{11}$

  (3) $\dfrac{43}{8}$　　(4) $\dfrac{15}{2}$

$\dfrac{9}{5}$ ⬭⬭⬭ ➡ $1\dfrac{4}{5}$

$\dfrac{3}{2}$ ⬭⬭⬭ ➡ $1\dfrac{1}{2}$

$\dfrac{8}{3}$ ⬭⬭⬭ ➡ $2\dfrac{2}{3}$

$\dfrac{6}{4}$ ⬭⬭⬭ ➡ $1\dfrac{2}{4}$

- (1) $\dfrac{3}{6}$　　(2) $\dfrac{7}{8}$　　(3) $\dfrac{5}{4} = 1\dfrac{1}{4}$

- (1) $3\dfrac{1}{6}$　　(2) $3\dfrac{3}{9}$

$2\dfrac{7}{6} = 2 + 1\dfrac{1}{6} = 3\dfrac{1}{6}$

$2\dfrac{12}{9} = 2 + 1\dfrac{3}{9} = 3\dfrac{3}{9}$

- $\dfrac{3}{6}$

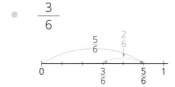

- $2 - \dfrac{1}{5} = 1\dfrac{\boxed{5}}{\boxed{5}} - \dfrac{\boxed{1}}{5} = \boxed{1}\dfrac{\boxed{4}}{5}$

오각형 2개는 자연수 '2'와 같아요. 여기서 1만큼을 분수로 바꾸어서 계산한 것이에요.

3 | 소수

100쪽

- (1) 0.7　　(2) 0.07　　(3) 0.77

104쪽

- (1) 1을 10등분하면 한 칸은 (0.1)씩

0　0.1　[0.2] [0.3]　0.4　0.5　[0.6]　0.7　0.8　[0.9]　1

(2) 0.1을 10등분하면 한 칸은 (0.01)씩

0.1　0.11　[0.12] [0.13]　0.14　[0.15]　0.16　[0.17]　0.18　0.19　0.2

(3) 0.01을 10등분하면 한 칸은 (0.001)씩

0.01　0.011 [0.012] 0.013 [0.014] 0.015 0.016 [0.017] [0.018] 0.019 0.02

$\frac{1}{1000}$배	$\frac{1}{100}$배	$\frac{1}{10}$배	2.722	10배	100배	1000배
0.002722	0.02722	0.2722		27.22	272.2	2722

107쪽

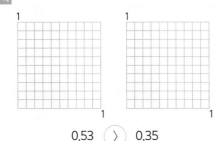

1

1

1

1

0.53　〉　0.35

110쪽

- (1) 3.9　　(2) 6.54　　(3) 7.55

113쪽

- (1) 5.3　　(2) 1.63　　(3) 2.07
- 20.85점

4 | 도형

118쪽

- (2), (3), (4)
- (1) ○　　(2) ○　　(3) ✕　　(4) ✕

121쪽

- (1) 직　　(2) 반　　(3) 선
- (4) ✕　　(5) ✕　　(6) 반

선분, 반직선, 직선은 모두 곧은 선이에요. 곧은 선이 아니면 선분도, 반직선도, 직선도 될 수 없어요.

125쪽

- (1) 45°　　(2) 100°

128쪽

- (1) 예각　　(2) 둔각　　(3) 직각　　(4) 예각

133쪽

- 75°

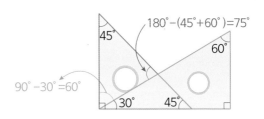

180°−(45°+60°)=75°

45°

60°

90°−30°=60°

30°　45°

139쪽

- (1) 25°　　(2) 70°　　(3) 7cm　　(4) 8cm

이등변삼각형은 두 각의 크기가 같고, 두 변의 길이가 같아요.

● 110°

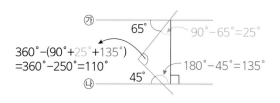

$360°-(90°+25°+135°)$
$=360°-250°=110°$

●● 3쌍

● 사다리꼴: ㉮, ㉯, ㉰, ㉱, ㉲
평행사변형: ㉯, ㉰, ㉱, ㉲
마름모: ㉯, ㉱
직사각형: ㉰, ㉱
정사각형: ㉱

㉭는 평행하는 변이 없고 네 각이 같지도 않기 때문에 아무 데도 끼지 못해요. 한 쌍의 변이 평행하면 되는 사다리꼴은 ㉮, ㉯, ㉰, ㉱, ㉲ 모두 해당됩니다. 평행사변형은 마주 보는 두 쌍의 변이 모두 평행하면 되기 때문에 ㉮를 제외한 ㉯, ㉰, ㉱, ㉲가 해당돼요. 그중 네 변이 모두 같은 ㉯, ㉱는 마름모이고, 네 각이 모두 같은 ㉰, ㉱는 직사각형이에요. 네 변과 네 각이 모두 같은 ㉱는 정사각형이 됩니다.

● (1) ㉮, ㉯, ㉰, ㉱, ㉲, ㉳, ㉴, ㉵
(2) ㉴, ㉵

●●
도형	O, X	이유
	X	선으로 둘러싸여 있으나 곧은 선인 선분으로만 이루어져 있지 않고 일부분이 곡선이다.
	X	선분으로만 이루어져 있으나 둘러싸인 도형이 아니다.
	O	선분으로만 둘러싸여 있어서 다각형이다.

●
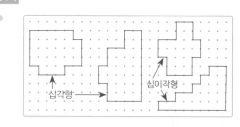

십각형은 선분 10개로 둘러싸인 다각형이고, 십이각형은 선분 12개로 둘러싸인 다각형이에요.

● 13cm

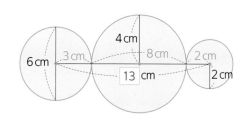

5 측정

● (1) 시각   (2) 시각   (3) 시간

● (1) 5분 30초   (2) 3분 10초
(3) 12시간 4분 13초 (4) 7시간 47분 51초

● 4cm 9mm = 49mm

●● (1) 2km 800m   (2) 2km

● (1) 19cm 1mm　　(2) 5km 800m

● (1) 3000mL　　(2) 1L 500mL
　(3) 2L 40mL　　(4) 4300mL
●● (1) 3L 500mL　　(2) 7L 300mL

● (1) X　　(2) O　　(3) O

● ㉮ 〉 ㉯ 〉 ㉰ 〉 ㉱

㉮=5000g
㉯=2kg 300g=2kg+300g=2000g+300g=2300g
㉰=1650g
㉱=1kg 75g=1kg+75g=1000g+75g=1075g

●

이름	독서록 권수	상
연희	10	동상
동석	30	금상
장미	20	은상
소정	25	은상

●

수	올림	버림	반올림
80540	81000	80000	81000

6 통계

● 4학년 중 32명, 5학년 중 43명, 6학년 중
51명이 휴대전화를 가지고 있다.
6학년이 가장 많은 휴대전화를 가지고 있다.

●

우리 동네 강수량

(mm)

월	1	4	7	10
강수량	20	65	640	15

● (1) X　　(2) O　　(3) O　　(4) O
　(5) X　　(6) X　　(7) O

변화를 나타내는 것은 꺾은선그래프로 표현하는 것
이 좋아요.

초등 수학개념
제대로 완성!